严寒地区碾压混凝土坝温控仿真与防裂研究

YANHAN DIQU NIANYA HUNNINGTUBA
WENKONG FANGZHEN YU FANGLIE YANJIU

司 政 黄灵芝 李守义 著

中国电力出版社
CHINA ELECTRIC POWER PRESS

内 容 提 要

本书总结了作者在严寒地区碾压混凝土坝温控防裂方面所做的研究成果，阐述了碾压混凝土坝温度场与应力场仿真计算原理，编制了碾压混凝土坝温控仿真计算程序，分析了严寒地区碾压混凝土重力坝溢流坝段、底孔坝段等的温度场与应力场的特点，提出相应的温控防裂措施。重点研究了严寒地区碾压混凝土坝越冬层面的防裂措施。本书可供从事水利水电工程设计、施工、科研等工程技术人员参考，也可作为高等院校相关专业师生的教学参考书。

图书在版编目（CIP）数据

严寒地区碾压混凝土坝温控仿真与防裂研究 / 司政，黄灵芝，李守义著. —北京：中国电力出版社，2018.9
ISBN 978-7-5198-2448-8

Ⅰ. ①严… Ⅱ. ①司… ②黄… ③李… Ⅲ. ①寒冷地区–碾压土坝–混凝土坝–温度控制–系统仿真–研究②寒冷地区–碾压土坝–混凝土坝–防裂–研究 Ⅳ. ①TV642.2

中国版本图书馆 CIP 数据核字（2018）第 217236 号

出版发行：中国电力出版社
地　　址：北京市东城区北京站西街 19 号（邮政编码 100005）
网　　址：http://www.cepp.sgcc.com.cn
责任编辑：王晓蕾（010-63412610）
责任校对：黄　蓓　太兴华
装帧设计：王英磊
责任印制：杨晓东

印　　刷：北京天宇星印刷厂
版　　次：2018 年 9 月第一版
印　　次：2018 年 9 月北京第一次印刷
开　　本：787 毫米×1092 毫米　16 开本
印　　张：13.25
字　　数：320 千字
定　　价：49.80 元

前　言

　　碾压混凝土筑坝技术是 20 世纪七八十年代开始出现的一项新的筑坝技术，该技术将常态混凝土坝的结构和碾压土石坝的施工技术集于一体，具有水泥用量省、施工速度快、工程造价低等优点，因此在工程中得到了广泛应用。

　　我国地处欧亚大陆东南部，其气候特点为南热北冷，南北温差大，冬季气温普遍偏低。西北与东北地区面积占国土面积近 1/3，而这些地区绝大部分最冷月平均气温均低于 -10.0℃，属严寒地区。由于碾压混凝土坝具有施工速度快、造价低等优点，因此在严寒地区也是非常有竞争力的坝型，如已建成的辽宁观音阁碾压混凝土重力坝、白石碾压混凝土重力坝、玉石碾压混凝土重力坝，河北桃林口碾压混凝土重力坝等。随着新疆、西藏等地区水电能源的进一步开发，在严寒地区修建的碾压混凝土坝将越来越多。

　　严寒地区与温和地区相比较气候条件相差甚远。在严寒地区，一般多年平均气温都在 10.0℃ 以下，新疆、西藏等地多年平均气温甚至在 5.0℃ 以下；冬季最低月平均气温一般在 -10.0℃ 以下，最低能达到 -20.0℃；月平均气温年内变幅达 40.0℃ 以上。由于严寒地区年平均气温低，故而坝体稳定温度也较低，较大的基础温差容易引起基础贯穿性裂缝。另外，碾压混凝土表面由于受较大的昼夜温差、较大的气温年变幅以及寒潮的频繁作用，极易产生表面裂缝。这使得严寒地区碾压混凝土坝的温控防裂面临着严峻考验。

　　严寒地区碾压混凝土坝施工中每年冬季会由于外界气温太低而停止浇筑混凝土，停浇时的混凝土顶面称为越冬层面。翌年恢复混凝土浇筑后，新、老混凝土结合面及上部新浇混凝土中极易出现裂缝。如何有效防止和减少坝体越冬层面温度裂缝的产生是严寒地区修建碾压混凝土重力坝面临的严峻课题。

　　本书总结了作者在严寒地区碾压混凝土坝温控防裂方面所做的研究成果，阐述了碾压混凝土坝温度场与应力场仿真计算原理，编制了碾压混凝土坝温控仿真计算程序，全面分析了严寒地区碾压混凝土坝的温度场与应力场的特点，提出了相应的温控防裂措施，同时着重研究了严寒地区碾压混凝土坝越冬层面的防裂措施。希望本书能对国内外同行的科研、设计和教学起到借鉴和帮助作用。

本书撰写过程中，西安理工大学的陈尧隆教授、张晓飞副教授、李炎隆教授等提出了宝贵的建议；在撰写过程中查阅了大量学术著作和文献资料，参考和借鉴了许多专家学者的研究成果和学术观点。在此深表感谢。

本书的研究工作得到了国家自然基金（51409207，51609200，51879217）、中国博士后科学基金（2015M582765XB）、陕西省西北旱区生态水利工程省部共建国家重点实验室自主研究课题（2017ZZKT-4）的支持，在此一并表示衷心的感谢。

由于作者水平和经验有限，书中难免有不足之处，敬请同行和读者批评指正。

著　者

2018 年 7 月

目　　录

1 概　　述

1.1　碾压混凝土筑坝技术发展概况

碾压混凝土筑坝技术（RCC Dam Construction Technology）是 20 世纪七八十年代开始出现的一项新的筑坝技术[1]。该方法综合了常规混凝土坝结构的优点以及土石坝施工方法的优点，在混凝土中掺大量的粉煤灰，将超干硬性混凝土摊铺、平仓后，采用振动碾压机在层面上进行振动碾压。碾压混凝土筑坝技术具有水泥用量省、施工速度快、工程造价低等优点，因此在工程中得到了广泛应用。

混凝土碾压施工的概念是在 1970 年首次提出的，当时美国工程师学会在加州阿西洛玛（Asilomar）召开"混凝土坝快速施工"的会议，拉斐尔（J.M.Rapher）在其论文中建议使用水泥、砂、砾石材料筑坝并采用高效率的土石方运输机械和压实机械施工。1972 年美国田纳西流域管理局（Tennessee Valley Authority）的坎农（R.W.Cannon）在美国土木工程学会召开的"混凝土坝经济施工"的会议上提交了《采用土料压实方法修建混凝土坝》的论文。随后，多个国家对碾压混凝土筑坝技术进行了现场试验。首次现场试验是在 1971 年泰斯福德坝的施工中；美国陆军工程兵团 1972—1973 年间在 Elk Creek 坝和 Lost Creek 坝施工中进行了大规模的碾压混凝土试验，证实了大坝施工中采用碾压混凝土的可行性。美国陆军工程兵团 1974 年在巴基斯坦 Tarbela 工程中采用碾压混凝土修复土坝上游铺盖及其隧洞工程，42 天内共浇筑碾压混凝土 $35 \times 10^4 \text{m}^3$，日平均浇筑强度 8330$\text{m}^3$，最大日浇筑强度 18 000$\text{m}^3$，施工速度惊人[2]。此工程对碾压混凝土来说具有里程碑的意义，也正是通过这个工程，首次将这种混凝土正式命名为碾压混凝土[3-4]（Rolled Compacted Concorete）。

世界上第一座真正意义上采用碾压混凝土筑坝技术进行施工的大坝是日本的岛地川坝，该工程位于日本国山口县新南阳市大学高濑岛地川上。岛地川坝最大坝高 89.0m，混凝土总方量 $31.7 \times 10^4 \text{m}^3$，其中碾压混凝土约 $16.0 \times 10^4 \text{m}^3$。1978 年 9 月开始浇筑坝体混凝土，1980 年 4 月建成。由于施工中采用了碾压混凝土筑坝技术，使得整个工程造价降低约 30%，工期缩短约 20%。

美国于 1982 年建成了世界上第一座全碾压混凝土重力坝——柳溪坝，最大坝高 52.0m，坝轴线长 543.0m，不设纵、横缝。碾压混凝土总方量约 $33.1 \times 10^4 \text{m}^3$，在不到 5 个月的时间内完成施工，比常态混凝土坝施工工期缩短 1~1.5 年，造价约为常态混凝土坝的 40%和堆石坝的 60%。柳溪坝的建成充分体现了碾压混凝土筑坝技术在施工速度和工程造价上的巨大优势，

1

大大推动了碾压混凝土坝在全世界的迅速发展。

我国对碾压混凝土筑坝技术的研究起步稍晚，在 1979—1983 年就碾压混凝土材料、施工机械和施工技术等方面进行了大量的室内试验，并先后在铜街子公路和厦门机场做过现场碾压试验[5]。为了能将室内、外的试验成果应用于实际工程，1984 年 3 月，水电部决定将福建坑口水库大坝原推荐的浆砌块石重力坝改为碾压混凝土重力坝，并列为国家重点工业性试验项目[6]。采用高掺量粉煤灰混凝土、全断面碾压、连续浇筑、沥青砂浆防渗等施工工艺，历时 205 天，于 1986 年 6 月建成了我国第一座碾压混凝土重力坝。坑口碾压混凝土试验坝与常规的混凝土重力坝相比节约水泥约 44%，节约木材约 25%，节省劳动力 25%，降低工程造价16% 以上，而且一年工期半年完成，提前投入运行，社会经济效益十分明显。"坑口碾压混凝土筑坝技术"于 1988 年被评为国家科技进步一等奖，该项目是一次成功的试验，为我国筑坝技术的发展开辟出一条新的道路。

继坑口碾压混凝土重力坝成功建设以来，我国碾压混凝土坝发展迅猛，建坝规模也急剧扩大[7-9]。据初步统计，截至 2007 年年底，我国已建、在建碾压混凝土坝共 126 座，最高为龙滩碾压混凝土重力坝，坝高 216.5m。2004 年以来相继开工的光照（坝高 200.5m）、观音岩（坝高 159.0m）、金安桥（156.0m）等碾压混凝土工程和 2007 年作为中国代表的龙滩碾压混凝土重力坝获得"国际碾压混凝土工程里程碑奖"以及沙牌碾压混凝土拱坝经受住 2008 年汶川特大地震的严峻考验等，均标志着我国碾压混凝土筑坝技术处于国际领先水平。表 1-1 为我国已建、在建坝高超过 100.0m 的碾压混凝土坝工程统计表。

表 1-1 我国已建、在建坝高超过 **100.0m** 的碾压混凝土坝

序号	大坝名称	坝址	所在河流	最大坝高（m）	坝顶长度（m）	坝型	建设情况
1	岩滩	广西巴马	红水河	111.0	525.0	重力坝	1992 年建成
2	水口	福建闽侯	闽江	101.0	791.0	重力坝	1993 年建成
3	江垭	湖南慈利	娄水	128.0	336.0	重力坝	1999 年建成
4	大朝山	云南云县	澜沧江	118.0	480.0	重力坝	2001 年建成
5	石门子	新疆玛纳斯	玛西河	110.0	187.0	拱坝	2001 年建成
6	棉花滩	福建永安	汀江	111.0	302.0	重力坝	2001 年建成
7	沙牌	四川汶川	草坡河	132.0	250.0	拱坝	2003 年建成
8	蔺河口	陕西安康	岚河	100.0	311.0	拱坝	2003 年建成
9	索风营	贵州修文	乌江	122.0	220.0	重力坝	2006 年建成
10	百色	广西百色	右江	130.0	734.0	重力坝	2006 年建成
11	招徕河	湖北长阳	招徕河	105.0	198.0	拱坝	2006 年建成
12	龙滩一期	广西天峨	红水河	192.0	741.0	重力坝	2009 年建成

序号	大坝名称	坝址	所在河流	最大坝高（m）	坝顶长度（m）	坝型	建设情况
13	景洪	云南景洪	澜沧江	108.0	705.0	重力坝	2009 年建成
14	光照	贵州关岭	盘江	200.5	410.0	重力坝	2009 年建成
15	大花水	贵州开阳	乌江	134.5	287.6	拱坝	2009 年建成
16	云龙河（Ⅲ级）	湖北恩施	云龙河	135.0	143.7	拱坝	2010 年建成
17	喀腊塑克	新疆阿勒泰	额尔齐斯河	121.5	1489.0	重力坝	在建
18	洪口	福建宁德	霍童溪	130.0	348.0	重力坝	在建
19	思林	贵州思南	乌江	117.0	326.5	重力坝	在建
20	白莲崖	安徽霍山	漫水河	102.0	348.0	拱坝	在建
21	向家坝	四川宜宾	金沙江	162.0	909.0	重力坝	在建
22	观音岩	四川攀枝花	金沙江	159.0	838.0	重力坝	在建
23	金安桥	云南丽江	金沙江	160.0	640.0	重力坝	在建
24	武都	四川江油	涪江	121.3	727.0	重力坝	在建
25	万家口子	云南宣威	北盘江	167.5	413.0	拱坝	在建

目前碾压混凝土筑坝施工方法主要有以下三种形式[6]：

1. 日本的 RCD（Roller Compacted Dam）法

RCD 法是日本结合该国在碾压混凝土坝断面设计、混凝土配合比、混凝土施工工艺以及温度控制等方面的经验，总结提出的一整套碾压混凝土筑坝技术。日本碾压混凝土重力坝断面设计时，坝体稳定和应力计算等方面的要求与常规混凝土重力坝的要求相同，以保证碾压混凝土坝的强度、抗渗性能以及耐久性能。坝体材料分区采用"金包银"的型式，即坝体内部为碾压混凝土，外包一定厚度的常规混凝土，上游面一般设置 3.0m 厚的常规混凝土作为碾压混凝土坝的防渗体，下游面设置 2.0m 左右的常规混凝土保护层，基础约束区设置 1.5～3.0m 的常规混凝土垫层。RCD 法水泥用量一般在 80～100kg/m³，粉煤灰掺量控制 $F/(F+C)=30\%$，碾压层厚度一般为 75cm，为了避免骨料分离，采用薄层摊铺平仓方法，混凝土分 3～4 层进行摊铺，摊铺达到碾压层厚度后即开始碾压。碾压层间间歇 2～4 天，为保证水平施工缝的抗剪强度和抗渗性能，碾压层面采用刷毛机刷毛、冲洗，保持表面湿润，并全层面铺设 15mm 厚的砂浆，然后再摊铺上层混凝土。RCD 法施工时一般不设置纵缝，但设置横缝，横缝间距一般为 15.0m，在碾压混凝土摊铺后，振动碾碾压前，采用振动切缝机切出横缝，缝内插入镀锌白铁皮。

2. 美国的 RCC（Roller Compacted Concrete）法

美国最初的碾压混凝土坝全断面均采用碾压混凝土，结果坝体渗漏严重。随后对坝体上游侧做了厚约 1.0m 的常态混凝土防渗层或止水薄膜的改进，防渗效果良好。RCC 法水泥用量一般在 47~77kg/m³，粉煤灰掺量为 19~36kg/m³，胶凝材料用量较少。RCC 法采取薄层摊铺碾压，一般层厚为 30cm，连续上升，一天能浇筑 3~4 层，浇筑速度快。美国早期修建的碾压混凝土坝层面不做处理，层间缝漏水严重。后来，为了提高层间抗渗及抗剪性能，碾压混凝土水平层面均采用高压水枪冲毛，并铺设 12.5mm 的砂浆垫层，然后再在其上摊铺和碾压新的混凝土。

3. 中国的 RCCD（Roller Compacted Concrete Dam）法

通过我国水利科研院所、高等院校三十多年的不懈努力及大量的室内与现场试验研究，通过吸取国外碾压混凝土筑坝技术的经验教训，我国碾压混凝土筑坝技术有了长足的发展，并形成了自身特色。我国《碾压混凝土坝设计规范》（SL314—2004）中规定，碾压混凝土重力坝断面设计时，坝体抗滑稳定分析应包括沿坝基面、碾压层（缝）面和基础深层滑动面的抗滑稳定；必要时，应分析斜坡坝段的整体稳定。特别强调，碾压混凝土重力坝碾压层（缝）面的抗滑稳定计算应采用抗剪断公式，层（缝）面的计算参数应根据施工条件及处理措施进行试验测定，沿最不利层面的抗滑稳定安全系数应不小于《混凝土重力坝设计规范》（SL319—2005）的规定值。坝体上游面防渗体系形式多样，较常用的如 30~50cm 厚的变态混凝土防渗层、沥青砂浆防渗层等，高碾压混凝土坝一般采用"金包银"的防渗形式。RCCD 法中碾压混凝土的总胶凝材料用量不低于 130kg/m³，胶凝材料中掺合料所占的重量比，在外部碾压混凝土中不超过总胶凝材料的 55%，在内部碾压混凝土中不超过总胶凝材料的 65%。RCCD 法施工时坝体一般不设纵缝，根据工程的具体情况设置横缝，横缝间距一般为 20.0~30.0m。不设横缝的整体坝则实行全坝面浇筑。RCCD 法一般摊铺厚度与碾压厚度均为 30cm，摊铺后立即进行碾压，水平施工层面采用高压水冲毛，浇筑新的混凝土之前，在层面上铺设 15mm 厚的砂浆，以保证层间的良好结合。

1.2 碾压混凝土坝温度裂缝及温控防裂研究现状

1.2.1 碾压混凝土坝温度裂缝产生的原因及其危害

碾压混凝土筑坝技术中使用的是掺大量粉煤灰的混凝土，水泥用量较常规的混凝土而言少很多，水泥水化热也较小，因此人们一度认为碾压混凝土坝不需要采取专门的温控措施。但工程实践表明，碾压混凝土坝中也经常出现温度裂缝，究其原因，主要是由于碾压混凝土坝一般采取通仓或横缝间距较大的连续碾压施工方式，浇筑块体积大，上升速度快，施工过程中水化热散发的很少，进而导致温差及温度应力较大，可能造成温度裂缝[11]。碾压混凝土坝温度裂缝主要有以下几种类型[12-13]：

1. 表面裂缝

调查研究表明，碾压混凝土坝温度裂缝绝大多数为表面裂缝，且多出现在施工初期。主要原因在于施工初期水泥所产生的水化热使混凝土内部温度较外部温度升高快，内部混凝土体积膨胀相对较大，从而在混凝土表面产生拉应力，而在施工初期混凝土强度低，极限拉伸值小，因此混凝土表面极易出现裂缝。另外，在早春、晚秋寒潮频繁季节或在冷水"冷击"的情况下，混凝土表面温度发生急剧变化而产生较大的收缩变形，也易出现表面裂缝。

表面裂缝主要发生在坝体混凝土表层以下几十厘米范围内，一般来说对坝体整体结构不会造成危害。但是表面裂缝如果长期暴露在空气中反复遭受气温骤降、寒潮的袭击，必将在裂缝的端部形成应力集中，使表面裂缝向纵深方向发展，最终形成深层裂缝或贯穿性裂缝，进而破坏结构的整体性，应给予充分的重视。

2. 基础贯穿性裂缝

基础约束区混凝土温度达到最高后逐渐下降并趋于稳定温度，最高温度与稳定温度之差即为基础温差。温降导致混凝土体积收缩，但该体积收缩受到基岩较强的约束，故而混凝土易出现裂缝。特别是基础垫层混凝土，浇筑后进行坝基固结灌浆和帷幕灌浆，间歇时间较长，甚至会有越冬的情况出现，如果混凝土表面不做防护，将受到较大的降温冲击，在混凝土中将产生薄层约束应力和内外温差应力的叠加，叠加后的应力若超过混凝土的抗拉强度，混凝土中即产生裂缝。裂缝一般为贯穿性裂缝，影响坝体结构的整体安全性。

3. 劈头裂缝

通仓浇筑或横缝间距较大的碾压混凝土重力坝工程水库蓄水时，坝体内部温度较高，而水温一般较低，蓄水时表面混凝土与内部混凝土形成较大的温差，一旦施工过程中坝体上游面出现了表面裂缝，则在上述内外温差和裂隙水的共同作用下，坝体上游面表面裂缝极易发展为劈头裂缝。劈头裂缝一旦与坝内廊道贯通，将形成严重的漏水通道。

4. 越冬层面水平裂缝

碾压混凝土坝越冬层面水平裂缝一般出现在严寒地区。严寒地区混凝土坝的施工与气候温和地区相比较，最大的区别在于其施工期一般为每年的4—10月份，10月底至翌年4月初由于外界气温太低，不适宜浇筑混凝土。10月底停浇时已浇混凝土顶面即为越冬层面。翌年4月恢复混凝土浇筑后，新、老混凝土结合面及上部新浇混凝土中上、下游侧极易出现水平裂缝，其主要原因是：① 恢复混凝土浇筑时，越冬层面下部混凝土温度较低，致使新浇筑混凝土与下部混凝土温差过大；② 恢复混凝土浇筑时，越冬层面下部混凝土强度较高，弹性模量几乎接近其最终值，对上部新浇筑混凝土约束强。水平裂缝严重影响坝体层间抗剪断稳定安全，一旦出现，修补费用高，影响整体施工进度。本书主要针对严寒地区碾压混凝土重力坝越冬层面易出现水平裂缝这一问题展开深入的研究，并提出减小越冬层面及其附近混凝土温度应力的相应措施。

1.2.2 碾压混凝土坝温控防裂研究现状

碾压混凝土应用于筑坝的初期，人们主要关注碾压混凝土的强度、层间结合以及防渗性能等，对碾压混凝土施工过程中应采取的温控防裂措施未引起足够的重视，或是持非常乐观的态度，如美国早期建设的碾压混凝土坝，为了充分发挥碾压混凝土筑坝技术经济、快速的优越性，取消了设纵缝、横缝、冷却水管等对施工速度有干扰的各种因素，仅采取预冷骨料、低温季节浇筑等措施。结果发现绝大部分碾压混凝土坝均不同程度地出现了裂缝，特别是不设横缝的碾压混凝土坝出现了较多的横向裂缝，如中叉（Middle Fork）坝、盖尔斯威（Galesville）坝、温彻斯特（Winchester）坝等。

早期对碾压混凝土坝温控防裂的态度主要来源于人们普遍认为碾压混凝土中掺有大量的粉煤灰，水泥用量少，水化热低，因此温度应力较小，产生温度裂缝的可能性将大大降低。但实际情况与此并不相符。经研究发现：

（1）碾压混凝土绝热温升值一般为 15～25℃，为常态混凝土的 50%～70%。但由于掺入大量粉煤灰，使得水泥水化热散发推迟，浇筑过程中散发的热量很少，绝大部分热量都积累在混凝土内部；另外碾压混凝土坝一般采用通仓浇筑，混凝土散热面少，故而水化热温升并不低。

（2）碾压混凝土抗裂性能受粉煤灰的影响较大，粉煤灰掺量越大，抗裂能力越低，抵抗温度应力的能力也就越差。

（3）碾压混凝土坝施工时一般不设纵缝，甚至不设横缝，浇筑仓面大，块体长，在相同温差的作用下，其温度应力值较大。

（4）碾压混凝土为干贫混凝土，用水量较少，采取加冰拌和降低混凝土浇筑温度的方法很难实施，因此碾压混凝土的浇筑温度相对受限。

（5）为减少对施工的干扰，碾压混凝土坝中一般不埋设冷却水管，因此无法削减水泥水化热的峰值，混凝土最高温度较高。由此可见，碾压混凝土坝中同样存在温控防裂问题。

随着人们对碾压混凝土坝温控防裂认识的不断深入，其相应的理论研究和数值计算也得到了较大的发展。目前，世界各国对碾压混凝土坝温度场和温度应力场的仿真计算方法不尽相同，但求解的基本思路均为：根据固体热传导理论计算碾压混凝土坝的温度场，将温度场的计算结果作为外荷载施加到结构上计算结构的温度应力场。

1. 温度场计算方法

温度场计算方法主要包括解析法和近似法两种。根据固体热传导理论和工程实际情况选取初始条件和边界条件，以求得函数形式的理论解的方法即为解析法。一般来说，实际工程边界条件十分复杂，解析法实现困难，一般仅用作验证数值方法正确性的工具。近似法又可分为电热模拟法、水热模拟法、图解法和数值解法等，但目前仅数值解法应用较为广泛。根据计算原理又可将数值解法分为边界元法、差分法和有限元法。

（1）差分法。差分法直接从微分方程着手，采用差分、差商近似代替微分、微商，将对微分方程和边界条件的求解转化为对线性代数方程组的求解。差分法计算量小，且过程简单，主要用于边界条件简单的低维问题。

（2）有限单元法。有限单元法是在变分原理的基础上发展起来的一种高效计算方法，该方法将一定边值条件下温度场的求解转化为泛函极值的求解。具体计算时先将待求解区域离散成有限个单元，并将单元中任意点的温度场函数用该单元的形函数及离散网格点上的函数值展开，即建立一个线性插值函数；然后建立节点温度的线性方程组，求解方程组即可得出节点的温度值。有限单元法适用于求解复杂边界条件和多种介质混合域的问题，可局部调整单元大小来提高计算精度。

（3）边界元法。边界元法是继有限单元法之后发展起来的一种新的数值方法。与有限单元法将求解区域离散成有限个单元的基本思想不同，边界元法只在求解域的边界上划分单元，用满足控制方程的函数去逼近边界条件。采用边界元法能降低求解问题的维数，且精度较高，其所利用的微分算子基本解能自动满足无限远处的条件，因此该方法特别适用于求解无限域和半无限域问题。

2. 温度应力场计算方法

温度应力场计算方法主要有：

（1）理论解法。实际工程温度应力场计算的边界条件和材料非常复杂，几乎不可能得到理论解。

（2）实用算法。为了能够快速计算出坝体的温度应力，常采用一些实用算法，具体包括约束系数法、约束矩阵法和广义约束矩阵法。

1）约束系数法认为混凝土温度下降时受基础约束，混凝土层面上将产生水平向的拉应力，即：

$$\sigma = \alpha \cdot R \cdot E_C \cdot \Delta T \qquad (1-1)$$

式中　R——约束系数，表示混凝土温度下降时体积收缩受基础约束的程度；

　　　E_C——混凝土弹性模量；

　　　α——混凝土的线膨胀系数；

　　　ΔT——混凝土的温度降低值。

约束系数法计算方便，操作简单，但无法考虑温度应力的变化过程，且混凝土温度升高时无法考虑在混凝土内产生的压应力。

2）约束矩阵法是日本学者 Hirose 在约束系数法的基础上提出来的。由于碾压混凝土重力坝一般都采取全断面碾压浇筑，不设纵缝，因此假定混凝土同一浇筑层沿高程方向的温度呈非均匀分布，而水平方向的温度均匀分布。如果坝体沿高程方向共有 n 个浇筑层，当第 i（$i=1,2,\cdots,n$）浇筑层混凝土温度均匀下降 1℃时，在第 j 层中部产生的水平正应力为

$$\sigma_{ji}^0 = \alpha \cdot R_{ji} \cdot E_C \qquad (1-2)$$

式中　R_{ji}——第 i 层混凝土温度下降 1℃时产生的温度应力对第 j 层温度应力影响的百分数，即第 i 层混凝土温度下降 1℃时外部对第 j 层的约束度。

如果所有浇筑层的温度均下降 ΔT_i（$i=1,2,\cdots,n$），则第 i 层中部的水平正应力 σ_j 可

表示为

$$\sigma_j = \sum_{i=1}^{n} \sigma_{ji}^0 \cdot \Delta T_i = \alpha \cdot E_C \cdot \sum_{i=1}^{n} R_{ji} \cdot \Delta T_i \qquad (1-3)$$

由此，所有浇筑层的应力与温降之间的关系为

$$\begin{Bmatrix} \sigma_1 \\ \sigma_2 \\ \vdots \\ \sigma_n \end{Bmatrix} = \alpha \cdot E_C \cdot \begin{Bmatrix} R_{11} & R_{21} & \cdots & R_{1n} \\ R_{21} & R_{22} & \cdots & R_{2n} \\ \vdots & \vdots & \cdots & \vdots \\ R_{n1} & R_{n2} & \cdots & R_{nn} \end{Bmatrix} \cdot \begin{Bmatrix} \Delta T_1 \\ \Delta T_2 \\ \vdots \\ \Delta T_n \end{Bmatrix} \qquad (1-4)$$

即

$$\{\sigma\} = \alpha \cdot E_C \cdot [R] \cdot \{\Delta T\} \qquad (1-5)$$

式（1-5）可改写成应变与温降的关系

$$\{\varepsilon\} = \alpha \cdot [R] \cdot \{\Delta T\} \qquad (1-6)$$

式中 $[R]$——约束矩阵。

由式（1-5）和碾压混凝土的允许抗拉强度，即可求出各层混凝土的最大允许温差，以此来控制混凝土的最高温度。

3）广义约束矩阵法是在约束矩阵法的基础上提出的。约束矩阵法仅能反映混凝土沿高程方向的温度变化，而不能考虑同一浇筑层水平方向的温度的分布，与实际情况不符。为此，文献［14］将大坝典型结构断面沿坝高方向分成 n 层，沿水平方向分成 m 个单元，因此整个坝体的总单元数为 $N = n \times m$。当第 i 个单元的温度均匀下降 1℃时，求出对其他单元所产生的温度应力（或应变），这样既反映了温变引起的应力沿坝高方向的变化，也反映了其沿水平方向的变化。广义约束矩阵法与约束系数法、约束矩阵法一样，均无法考虑混凝土温升时产生的压应力，因此计算出来的温度控制标准相对比较保守。

约束系数法、约束矩阵法和广义约束矩阵法这三种实用算法在计算时均不能考虑混凝土的徐变和混凝土弹性模量随时间变化的过程，因此实用算法不能真实反映混凝土结构的温度应力。

（3）数值方法。数值方法是目前温度应力场求解最为认可的一种方法。数值方法具体又包含有限单元法和边界单元法。

边界单元法计算用时较省，但是不能考虑混凝土施工过程中的徐变应力场，如果结构内介质为非均匀性的，计算也非常困难，因此边界单元法在实际工程中很难得到应用。

有限单元法是混凝土结构温度应力场计算中使用最为广泛的方法。根据温度应力随时间变化的特点，有限单元法计算时一般采用增量初应变法，即在每一计算时段初，首先采用前一计算时段的应力增量计算徐变变形增量，然后将该变形增量作为计算时段的初应变，并转化为等效节点荷载，最后利用该荷载来求解计算时段的位移增量和应力增量。

目前世界各国对碾压混凝土坝温度场及温度应力场的计算几乎都采用有限单元法，但计算程序不尽相同。英、法等国一般采用 ANSYS、ADINA 和 ABACUS 等商业有限元软件，并

在其基础上进行二次开发；日本一般采用差分法或有限元法计算坝体混凝土的温度场，找出几个特征温差后，再利用 ADINA 程序计算温度应力场。

我国在碾压混凝土坝温度场及温度应力场理论研究和数值计算分析方面做出了巨大的贡献。自 20 世纪 50 年代起，我国即有大批水利科研院所、高等院校致力于大体积混凝土结构温度场与应力场的研究。进入 80 年代，结合国家"七五""八五""九五"科技攻关项目以及开始建设的碾压混凝土坝工程，包括中国水利水电科学研究院、清华大学、河海大学、武汉水利电力大学、大连理工大学、西安理工大学等在内的一大批科研单位开展了碾压混凝土坝的温度场与应力场的理论研究和数值仿真计算分析，并取得了一批有价值的研究成果[15-21]。

20 世纪八九十年代，由于计算机水平相对落后，因此碾压混凝土坝温度场及应力场仿真计算分析研究的重点是如何减少计算工作量。中国水利水电科学研究院朱伯芳院士提出"并层算法"和"分区异步长算法"，既能有效减少计算工作量，还能保证计算精度[15]；武汉水利电力大学王建江博士在"八五"攻关项目中提出"非均质单元法"，根据施工层混凝土的龄期，逐步合并网格以减少计算工作量[22]；西安理工大学经过多年的探索和研究，提出了"三维有限元浮动网格法"，当薄层混凝土达到一定的龄期后，将其薄层网格浮动为大网格，并将大网格混凝土单元视为均质体，以减少计算工作量[18]。

随着计算机水平的发展及计算速度的提升，碾压混凝土坝温度场及应力场仿真计算研究重点逐步转向各种温控措施的精确模拟、混凝土断裂的模拟和计算参数的反演分析上。如对冷却水管的模拟，刘宁、刘光庭等[23]提出水管冷却的子结构法，并提出水管周围混凝土的多种划分方法；朱岳明等人[24]提出了数学上完全严密的用以解决冷却水管问题的三维有限元计算方法；刘勇军[25]提出了模拟冷却水管的自生自灭单元法。碾压混凝土坝建设中，为了使得裂缝能有序地产生，常在应力较大部位设置诱导缝，为了真实模拟诱导缝的作用，将断裂力学引入碾压混凝土坝温度徐变应力场的计算中。另外，为了能真实反映施工现场混凝土的特性，应对混凝土温度场的计算参数进行反演分析，朱伯芳院士提出了考虑太阳辐射热和混凝土绝热温升的混凝土热学参数反演分析方法[26]；王登刚等人提出将混沌优化方法和梯度正则化方法结合起来，建立非线性稳态导热问题的数值计算模型[27]；邢振贤等利用最小二乘法对碾压混凝土导温系数进行了反演分析[28]；章国美等将混凝土热学参数反演分析视为优化问题，并将快速模拟退火算法引入混凝土热学参数反分析中[29]。

1.3　严寒地区碾压混凝土坝温控与防裂的特点

我国地处欧亚大陆东南部，其气候特点为南热北冷、南北温差大，冬季气温普遍偏低。西北与东北地区面积占国土面积的近 1/3，而这些地区绝大部分最冷月平均气温均低于 −10.0℃，属严寒地区。由于碾压混凝土坝具有施工速度快、造价低等优点，因此在严寒地区也是非常有竞争力的坝型，如已建成的辽宁观音阁碾压混凝土重力坝、白石碾压混凝土重力坝、玉石碾压混凝土重力坝，河北桃林口碾压混凝土重力坝等，在建的新疆喀腊塑克碾压混凝土重力坝。随着新疆、西藏等地区水电能源的进一步开发，在严寒地区修建的碾压混凝土坝将越来越多。

严寒地区与温和地区相比气候条件相差甚远。在严寒地区，一般多年平均气温都在10.0℃以下，新疆、西藏等地多年平均气温甚至在5.0℃以下；冬季最低月平均气温一般在−10.0℃以下，最低能达到−20.0℃；月平均气温年内变幅达40.0℃以上。而在气候温和地区，以龙滩水电站坝址区气温为例，其多年平均气温为20.1℃，冬季最低月平均气温为11.0℃，月平均气温年内变幅仅为16.1℃。由于严寒地区年平均气温低，故而坝体稳定温度也较低，较大的基础温差容易引起基础贯穿性裂缝。另外，碾压混凝土表面由于受较大的昼夜温差、较大的气温年变幅以及寒潮的频繁作用极易产生表面裂缝。这使得严寒地区碾压混凝土坝的温控防裂面临着严峻的考验。北方部分工程坝址区气温表见表1−2。

表1−2 北方部分工程坝址区气温表

工程名称	极端最高气温（℃）	极端最低气温（℃）	1月平均气温（℃）	7月平均气温（℃）	多年平均气温（℃）	月平均气温变幅（℃）
辽宁观音阁	35.5	−37.9	−14.3	23.1	6.2	37.4
辽宁白石	41.0	−37.0	−11.0	24.1	7.8	35.1
河北桃林口	38.7	−29.2	−7.4	24.5	9.6	31.9
新疆喀腊塑克	40.1	−49.8	−20.6	22.0	2.8	42.6

严寒地区碾压混凝土坝施工的最大特点为每年的10月底至翌年的4月初，由于外界气温太低，不适宜浇筑混凝土，即混凝土的浇筑时间一般为每年的4—10月份。每年10月底浇筑的混凝土顶面称为越冬层面。翌年4月初恢复混凝土浇筑后，新、老混凝土结合面及上部新浇混凝土中极易出现裂缝。如辽宁观音阁碾压混凝土重力坝，1990年5月开始浇筑坝体混凝土，1995年10月竣工。混凝土施工中非常注重温控与防裂，采取了严格的温控防裂措施[34]，但在1991—1994年三个越冬层面附近上、下游面仍然出现了较为严重的水平裂缝。由此可见，越冬层面及其附近混凝土采取与其他部位混凝土相同的温控措施，是不能满足温控防裂要求的。

独有的长间歇施工方式和恶劣的气候条件增加了严寒地区碾压混凝土坝温控与防裂难度，如何有效防止和减少坝体越冬层面温度裂缝的产生是严寒地区修建碾压混凝土重力坝面临的严峻课题。

1.4 严寒地区碾压混凝土重力坝越冬层面防裂措施

通过对严寒地区碾压混凝土重力坝越冬层面及其附近混凝土易出现水平裂缝这一工程现象的分析得知，裂缝出现的主要原因为：① 越冬层面恢复混凝土浇筑时，下部混凝土温度一般较低，致使新浇筑混凝土与下部混凝土温差过大；② 越冬层面恢复混凝土浇筑时，下部混凝土强度较高，弹性模量几乎接近其最终值，对上部新浇筑混凝土的约束非常强。针对以上原因，本书提出严寒地区碾压混凝土重力坝越冬层面的 4 种防裂措施。

1. 加强越冬层面的保温

严寒地区修建碾压混凝土坝，首先一定要严格控制混凝土的出机口温度及混凝土的最高温度；其次表面保温必不可少，有些工程甚至在坝面采取全年保温措施。观音阁碾压混凝土重力坝温控设计时要求基础强约束区 $0\sim0.2dm^3$ 内浇筑温度不高于 13.3℃，基础弱约束区 $0.2\sim0.4dm^3$ 内浇筑温度不高于 21.1℃。实际施工时参照日本玉川坝的经验，确定混凝土出机口温度不高于 20.0℃，浇筑温度不高于 22.0℃；基础强约束区混凝土最高温度不超过 30.0℃，基础弱约束区混凝土最高温度不超过 35.0℃。具体温控措施有：采用 4.0℃的冷水喷淋粗骨料，采取 4.0℃的冷水拌和混凝土，坝体上游面和侧立面采用 5cm 厚的聚苯乙烯泡沫板进行保温，其余部位采用 2~3 层草垫和苫布保温。即便如此，观音阁碾压混凝土重力坝三个越冬层面的上、下游均出现了较严重的水平裂缝。经分析，越冬层面较大的上下层温差和内表温差是导致水平裂缝出现的最主要原因。

重视越冬层面的保温，对越冬层面进行专门的保温设计，提高越冬层面及上、下游棱角部位的保温标准，减小越冬层面上、下层温差和内表温差，以达到防止越冬层面出现水平裂缝的目的。

2. 越冬层面下部混凝土中埋设升温水管

众所周知，高温季节浇筑混凝土时，为了降低混凝土的最高温度，可在混凝土中埋设冷却水管。经工程实践证明，冷却水管对混凝土水化热温升确实能起到削峰的作用，一般能使得混凝土的最高温度降低 4~5℃[10]，如此一来，混凝土的基础温差大大缩小，降低了混凝土中出现裂缝的可能性。

严寒地区碾压混凝土坝越冬层面易出现水平裂缝的主要原因之一是越冬层面上下层温差和内表温差大，由冷却水管能降低基础温差中得到启示，在越冬层面下部混凝土中一定高程范围内埋设水管，在第二年恢复混凝土浇筑之前，在水管中通热水，以提高下部混凝土的温度，缩小混凝土越冬层面上下层温差，最终达到防止越冬层面出现水平裂缝的目的。

3. 越冬层面上、下层混凝土采用微膨胀混凝土

20 世纪 70 年代东北严寒地区——吉林修建的白山重力拱坝，在基础温差超过 40℃的情况下，大坝没有产生基础贯穿性裂缝，表面裂缝也很少。为此人们进行了专门的研究，最终发现白山重力拱坝混凝土中使用的抚顺水泥原料中氧化镁含量较高，对大坝基础混凝土温降收缩起了补偿作用，无意中取得了较好的补偿收缩效果[35]。在随后的红石电站重力坝中，大坝全断面采用内含高氧化镁的抚顺水泥，并且取消了温控措施，取得了同样效果，进一步证明了氧化镁微膨胀混凝土的补偿作用。

严寒地区碾压混凝土坝越冬层面第二年恢复混凝土浇筑时，越冬层面下部混凝土龄期一般已超过 90d，因此强度较高，弹性模量几乎接近其最终值，对越冬层面上部新浇筑混凝土的收缩变形约束非常强，这也是严寒地区碾压混凝土坝越冬层面易出现水平裂缝的主要原因之一。

严寒地区碾压混凝土坝越冬层面下部采用微膨胀混凝土，越冬降温时可以补偿由于温降引起的温度应力；越冬层面上部一定范围内采用微膨胀混凝土，利用微膨胀混凝土的延迟微膨胀性来补偿混凝土收缩变形，以减小由于越冬层面上部混凝土收缩变形受下部约束强而产生的应力。

4. 越冬层面上、下游侧设置水平人工短缝

严寒地区碾压混凝土重力坝越冬层面上、下游侧受上、下层混凝土的大温差以及下部混凝土的强约束，易出现水平裂缝。考虑在越冬层面混凝土的上、下游侧设置水平人工短缝，当出现拉应力时人工短缝自动张开，释放越冬层面混凝土的拉应力，避免越冬层面混凝土中出现无序裂缝。

2 碾压混凝土坝温度场和温度应力场计算原理

2.1 热传导基本理论

2.1.1 热传导的基本微分方程

考虑均匀各向同性的固体,内含有热源,从中取出一个无限小的六面体 $\mathrm{d}x\mathrm{d}y\mathrm{d}z$(图 2-1)。

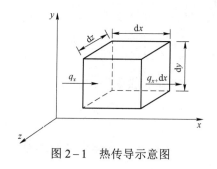

图 2-1 热传导示意图

在单位时间内从左边界 $\mathrm{d}y\mathrm{d}z$ 流入热量为 $q_x\mathrm{d}y\mathrm{d}z$,经右边界面流出的热量为 $q_{x+\mathrm{d}x}\mathrm{d}y\mathrm{d}z$,因此在单位时间内流入的净热量为

$$Q_x = (q_x - q_{x+\mathrm{d}x})\mathrm{d}y\mathrm{d}z \tag{2-1}$$

在固体的热传导中,热流量 q(单位时间内通过单位面积的热量)与温度梯度 $\partial T/\partial x$ 成正比,但方向相反。因此热流量与温度梯度的关系可表示为

$$q_x = -\lambda\frac{\partial T}{\partial x} \tag{2-2}$$

式中 λ——材料的导热系数,kJ/(m·h·℃)。

由式(2-2)可知热流量 $q_{x+\mathrm{d}x}$ 是 x 的函数,将其展开成 Taylor 级数并只取前两项,得

$$q_{x+\mathrm{d}x} \cong q_x + \frac{\partial q_x}{\partial x}\mathrm{d}x = -\lambda\frac{\partial T}{\partial x} - \lambda\frac{\partial^2 T}{\partial x^2}\mathrm{d}x \tag{2-3}$$

将式(2-2)、式(2-3)代入式(2-1),可得沿 x 方向流入微元体的净热量为

$$Q_x = \lambda \frac{\partial^2 T}{\partial^2 x^2} \mathrm{d}x\mathrm{d}y\mathrm{d}z \qquad\qquad （2-4）$$

同理，沿 y、z 方向流入微元体的净热量可分别记为

$$Q_y = \lambda \frac{\partial^2 T}{\partial^2 y^2} \mathrm{d}x\mathrm{d}y\mathrm{d}z \qquad\qquad （2-5）$$

$$Q_z = \lambda \frac{\partial^2 T}{\partial^2 z^2} \mathrm{d}x\mathrm{d}y\mathrm{d}z \qquad\qquad （2-6）$$

流入整个微元体的总热量为 Q_1，可表示为

$$Q_1 = Q_x + Q_y + Q_z \qquad\qquad （2-7）$$

假设在单位时间内单位体积的混凝土由于水泥水化热的作用引发的总热量为 Q_2，则在微元体内单位时间水化热产生的热量为 $Q_2\mathrm{d}x\mathrm{d}y\mathrm{d}z$。在绝热条件按下混凝土的温度上升速度为

$$\frac{\partial \theta}{\partial \tau} = \frac{Q_2}{c\rho} \qquad\qquad （2-8）$$

式中 ρ ——材料的密度，$\mathrm{kg/m^3}$；

　　　　c ——材料的比热，$\mathrm{kJ/（kg \cdot ℃）}$；

　　　　θ ——绝热温升，℃。

因此微元体内单位时间发出的热量可改写为 $c\rho \frac{\partial \theta}{\partial \tau}\mathrm{d}x\mathrm{d}y\mathrm{d}z$。

单位时间内微元体温度升高所吸收的热量为

$$Q_3 = c\rho \frac{\partial T}{\partial t}\mathrm{d}x\mathrm{d}y\mathrm{d}z \qquad\qquad （2-9）$$

由热量平衡可知，流入物体的净热量与物体自身发热量之和等于物体温升所吸收的热量，即

$$c\rho \frac{\partial T}{\partial t}\mathrm{d}\tau\mathrm{d}x\mathrm{d}y\mathrm{d}z = \lambda\left(\frac{\partial^2 T}{\partial^2 x^2}+\frac{\partial^2 T}{\partial^2 y^2}+\frac{\partial^2 T}{\partial^2 z^2}\right)\mathrm{d}\tau\mathrm{d}x\mathrm{d}y\mathrm{d}z + c\rho\frac{\partial \theta}{\partial \tau}\mathrm{d}\tau\mathrm{d}x\mathrm{d}y\mathrm{d}z \qquad （2-10）$$

整理得固体热传导方程为

$$\frac{\partial T}{\partial t} = a\left(\frac{\partial^2 T}{\partial x^2}+\frac{\partial^2 T}{\partial y^2}+\frac{\partial^2 T}{\partial z^2}\right)+\frac{\partial \theta}{\partial t} \qquad\qquad （2-11）$$

式中 a ——材料的导温系数，$a = \frac{\lambda}{c\rho}$，$\mathrm{m^2/h}$。

由式（2-11）可知：

（1）当物体自身不发热，且温度不随时间变化时，即 $\frac{\partial \theta}{\partial t} = 0$、$\frac{\partial T}{\partial t} = 0$ 时，得

$$\frac{\partial^2 T}{\partial x^2}+\frac{\partial^2 T}{\partial y^2}+\frac{\partial^2 T}{\partial z^2} = 0 \qquad\qquad （2-12）$$

这种不随时间变化的温度场为物体的稳定温度场。

（2）当物体自身不发热，但其温度随时间的变化而变化时，即 $\dfrac{\partial \theta}{\partial t} = 0$、$\dfrac{\partial T}{\partial t} \neq 0$ 时，得

$$\frac{\partial T}{\partial t} = a\left(\frac{\partial^2 T}{\partial x^2} + \frac{\partial^2 T}{\partial y^2} + \frac{\partial^2 T}{\partial z^2}\right) \tag{2-13}$$

这种仅随时间变化的温度场为物体的准稳定温度场。

（3）当物体自身发热，且温度随时间的变化而变化时，即 $\dfrac{\partial \theta}{\partial t} \neq 0$、$\dfrac{\partial T}{\partial t} \neq 0$ 时，为非稳定温度场。

2.1.2 热传导方程定解条件

热传导方程式（2-11）建立了物体温度与时间、空间的关系，但满足热传导方程的解有无限多个，为了唯一确定物体的温度，还应有定解条件。定解条件包括两种：初始条件和边界条件。所谓初始条件即为物体在初始瞬时温度分布情况，边界条件即为物体表面与环境介质之间温度相互转换的情况。

1. 初始条件

物体温度场求解的初始条件是指在初始瞬时 $(t=0)$ 物体的温度分布。初始瞬时温度场是坐标 (x, y, z) 的已知函数 $T_0(x, y, z)$，即当 $t=0$ 时，

$$T(x, y, z, 0) = T_0(x, y, z) \tag{2-14}$$

在很多情况下，可以认为物体的初始瞬时温度场为常数，即

$$T(x, y, z, 0) = T_0 = \text{const} \tag{2-15}$$

2. 边界条件

边界条件是指物体表面与环境介质（如空气、水）之间温度相互转换的情况，一般包括四种情形，如图2-2所示。

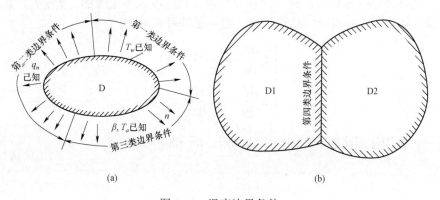

图2-2　温度边界条件

（a）第一、二、三类边界；（b）第四类边界

（1）第一类边界条件。第一类边界条件是指物体表面温度 T 是时间的已知函数，即

$$T(t) = f(t) \tag{2-16}$$

大体积混凝土温度场计算时，库水位以下混凝土表面的温度等于水库水温，属第一类边界条件。

（2）第二类边界条件。第二类边界条件是指物体表面的热流量是时间的已知函数，即

$$-\lambda \frac{\partial T}{\partial n} = f(t) \tag{2-17}$$

式中　n ——物体表面外法线方向。

如果物体表面是绝热的，则

$$\frac{\partial T}{\partial n} = 0 \tag{2-18}$$

（3）第三类边界条件。物体表面与空气接触时，假定流经物体表面的热流量与物体表面温度 T 和空气温度 T_a 之差成正比，即

$$-\lambda \frac{\partial T}{\partial n} = \beta(T - T_a) \tag{2-19}$$

式中　β ——物体表面散热系数，kJ/（$m^2 \cdot h \cdot ℃$）。

当表面放热系数 $\beta \to \infty$ 时，则 $T = T_a$ ，第三类边界条件转化为第一类边界条件；当表面放热系数 $\beta = 0$ 时，$\partial T / \partial n = 0$ ，第三类边界条件则转化为第二类边界条件中的绝热边界条件。

（4）第四类边界条件。当两种不同的固体接触良好时，接触面上的温度和热流量是连续的，边界条件可表示为

$$\begin{cases} \lambda_1 \dfrac{\partial T_1}{\partial n} = \lambda_2 \dfrac{\partial T_2}{\partial n} \\ T_1 = T_2 \end{cases} \tag{2-20}$$

但如果两种固体间接触不良时，即存在热阻，其温度是不连续的，$T_1 \neq T_2$ 。忽略接触缝间的热容量，接触面上热流量应总体平衡，边界条件可表示为

$$\begin{cases} \lambda_1 \dfrac{\partial T_1}{\partial n} = \dfrac{1}{R_c}(T_2 - T_1) \\ \lambda_1 \dfrac{\partial T_1}{\partial n} = \lambda_2 \dfrac{\partial T_2}{\partial n_2} \end{cases} \tag{2-21}$$

式中　R_c ——两固体因接触不良而产生的热阻，$m^2 \cdot h \cdot ℃/kJ$。

2.2　温控仿真计算采用的单元

2.2.1　空间 8 节点等参数单元

取如图 2-3 所示边长为 2 的 8 节点正六面体单元为母单元，建立原点在单元形心的局部坐标系 (ξ,η,ζ)，通过坐标变换，可得到曲面曲边的空间 8 节点等参元。坐标变换关系式见式（2-22）。

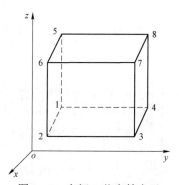

图 2-3　空间 8 节点等参元

$$\begin{cases} x = \sum_{i=1}^{8} N_i(\xi,\eta,\zeta)x_i \\ y = \sum_{i=1}^{8} N_i(\xi,\eta,\zeta)y_i \\ z = \sum_{i=1}^{8} N_i(\xi,\eta,\zeta)z_i \end{cases} \qquad (2-22)$$

则单元的位移函数为

$$\begin{cases} u = \sum_{i=1}^{8} N_i(\xi,\eta,\zeta)u_i \\ v = \sum_{i=1}^{8} N_i(\xi,\eta,\zeta)v_i \\ w = \sum_{i=1}^{8} N_i(\xi,\eta,\zeta)w_i \end{cases} \qquad (2-23)$$

式中　x_i、y_i、z_i ——节点 i 的坐标值；

u_i、v_i、w_i ——节点 i 的实际位移。

单元位移函数用矩阵形式表示为

$$\{\delta\} = \begin{Bmatrix} u \\ v \\ w \end{Bmatrix} = \sum_{i=1}^{8} \begin{bmatrix} N_i & 0 & 0 \\ 0 & N_i & 0 \\ 0 & 0 & N_i \end{bmatrix} \begin{Bmatrix} u_i \\ v_i \\ w_i \end{Bmatrix} = \sum_{i=1}^{8} [N_i]\{\delta_i\} = [N]\{\delta\}^e \qquad (2-24)$$

其中

$$\{\delta_i\} = [u_i \quad v_i \quad w_i]^T \quad (i=1,\ 2\cdots,\ 8)$$

$$\{\delta\}^e = [\{\delta_1\} \quad \{\delta_2\} \quad \cdots \quad \{\delta_8\}]^T$$

式中　$\{\delta_i\}$——节点位移列阵；

　　$\{\delta\}^e$——整个单元的节点位移列阵。

8个节点统一的形函数表达式为

$$N_i = \frac{1}{8}(1+\xi_i\xi)(1+\eta_i\eta)(1+\zeta_i\zeta) \quad (i=1,\ 2\cdots,\ 8) \qquad (2-25)$$

式中　ξ_i、η_i、ζ_i——节点i在局部坐标系(ξ,η,ζ)中的坐标。

形函数对局部坐标的导数

$$\begin{cases} \dfrac{\partial N_i}{\partial \xi} = \dfrac{1}{8}\xi_i(1+\eta_i\eta)(1+\zeta_i\zeta) \\[2mm] \dfrac{\partial N_i}{\partial \eta} = \dfrac{1}{8}\eta_i(1+\xi_i\xi)(1+\zeta_i\zeta) \\[2mm] \dfrac{\partial N_i}{\partial \zeta} = \dfrac{1}{8}\zeta_i(1+\xi_i\xi)(1+\eta_i\eta) \end{cases} \qquad (2-26)$$

空间问题的几何方程为

$$\{\varepsilon\} = [B]\{\delta\}^e = \sum_{i=1}^{8} [B_i]\{\delta_i\} \qquad (2-27)$$

单元的特性矩阵$[B]$为

$$[B_i] = \begin{bmatrix} \dfrac{\partial N_i}{\partial x} & 0 & 0 \\[2mm] 0 & \dfrac{\partial N_i}{\partial y} & 0 \\[2mm] 0 & 0 & \dfrac{\partial N_i}{\partial z} \\[2mm] \dfrac{\partial N_i}{\partial y} & \dfrac{\partial N_i}{\partial x} & 0 \\[2mm] 0 & \dfrac{\partial N_i}{\partial z} & \dfrac{\partial N_i}{\partial y} \\[2mm] \dfrac{\partial N_i}{\partial z} & 0 & \dfrac{\partial N_i}{\partial x} \end{bmatrix} \qquad (2-28)$$

由复合函数求导规则可得

$$\left\{\begin{array}{c}\dfrac{\partial N_i}{\partial x} \\[2mm] \dfrac{\partial N_i}{\partial y} \\[2mm] \dfrac{\partial N_i}{\partial z}\end{array}\right\} = [J]^{-1}\left\{\begin{array}{c}\dfrac{\partial N_i}{\partial \xi} \\[2mm] \dfrac{\partial N_i}{\partial \eta} \\[2mm] \dfrac{\partial N_i}{\partial \zeta}\end{array}\right\} \tag{2-29}$$

矩阵 [J] 为坐标变换的三维雅可比矩阵

$$[J] = \begin{bmatrix} \dfrac{\partial x}{\partial \xi} & \dfrac{\partial y}{\partial \xi} & \dfrac{\partial z}{\partial \xi} \\[3mm] \dfrac{\partial x}{\partial \eta} & \dfrac{\partial y}{\partial \eta} & \dfrac{\partial z}{\partial \eta} \\[3mm] \dfrac{\partial x}{\partial \zeta} & \dfrac{\partial y}{\partial \zeta} & \dfrac{\partial z}{\partial \zeta} \end{bmatrix} = \begin{bmatrix} \sum\limits_{i=1}^{8}\dfrac{\partial N_i}{\partial \xi}x_i & \sum\limits_{i=1}^{8}\dfrac{\partial N_i}{\partial \xi}y_i & \sum\limits_{i=1}^{8}\dfrac{\partial N_i}{\partial \xi}z_i \\[3mm] \sum\limits_{i=1}^{8}\dfrac{\partial N_i}{\partial \eta}x_i & \sum\limits_{i=1}^{8}\dfrac{\partial N_i}{\partial \eta}y_i & \sum\limits_{i=1}^{8}\dfrac{\partial N_i}{\partial \eta}z_i \\[3mm] \sum\limits_{i=1}^{8}\dfrac{\partial N_i}{\partial \zeta}x_i & \sum\limits_{i=1}^{8}\dfrac{\partial N_i}{\partial \zeta}y_i & \sum\limits_{i=1}^{8}\dfrac{\partial N_i}{\partial \zeta}z_i \end{bmatrix} \tag{2-30}$$

空间问题的物理方程为

$$\{\sigma\} = [D]\{\varepsilon\} = [D][B]\{\delta\}^e \tag{2-31}$$

弹性矩阵 [D] 为

$$[D] = \frac{E(1-\mu)}{(1+\mu)(1-2\mu)}\begin{bmatrix} 1 & \dfrac{\mu}{1-\mu} & \dfrac{\mu}{1-\mu} & & & \\[3mm] \dfrac{\mu}{1-\mu} & 1 & \dfrac{\mu}{1-\mu} & 0 & & \\[3mm] \dfrac{\mu}{1-\mu} & \dfrac{\mu}{1-\mu} & 1 & 0 & 0 & \\[3mm] 0 & 0 & 0 & \dfrac{1-2\mu}{2(1-\mu)} & 0 & \\[3mm] 0 & 0 & 0 & 0 & \dfrac{1-2\mu}{2(1-\mu)} & 0 \\[3mm] 0 & 0 & 0 & 0 & 0 & \dfrac{1-2\mu}{2(1-\mu)} \end{bmatrix} \tag{2-32}$$

由虚功原理得单元刚度矩阵为

$$[K]^e = \iiint\limits_{V_e}[B]^T[D][B]\mathrm{d}x\mathrm{d}y\mathrm{d}z = \begin{bmatrix} k_{11} & k_{12} & \cdots & k_{18} \\ k_{21} & k_{22} & \cdots & k_{28} \\ \vdots & \vdots & \vdots & \vdots \\ k_{81} & k_{82} & \cdots & k_{88} \end{bmatrix} \tag{2-33}$$

其中

$$[k_{ij}] = \iiint_{V^e} [B]^T[D][B] \mathrm{d}x\mathrm{d}y\mathrm{d}z = \int_{-1}^{1}\int_{-1}^{1}\int_{-1}^{1} [B]^T[D][B]|J|\mathrm{d}\xi\mathrm{d}\eta\mathrm{d}\zeta \qquad (2-34)$$

作用于单元节点上的等效节点力为

$$\{F\}^e = [K]^e\{\delta\}^e \qquad (2-35)$$

外力作用于单元节点上的等效荷载为

若外力为体积力，

$$\{P\}_q^e = \iiint [N]^T\{q\}\mathrm{d}x\mathrm{d}y\mathrm{d}z \qquad (2-36)$$

若外力为分布面力，

$$\{P\}_p^e = \int_S [N]^T\{p\}\mathrm{d}S \qquad (2-37)$$

整个结构的平衡方程为

$$[K]\{\delta\} = \{P\} \qquad (2-38)$$

由式（2-35）～式（2-38）求得节点位移后，代入式（2-31）可求得应力$\{\sigma\}$。

2.2.2　空间 20 节点等参数单元

取如图 2-4 所示边长为 2 的 20 节点立方体单元为母单元，建立原点在单元形心的局部坐标系(ξ, η, ζ)，整体坐标与局部坐标的关系为

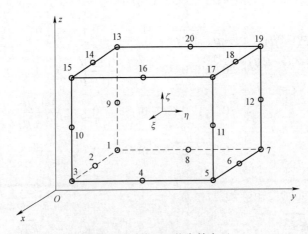

图 2-4　空间 20 节点等参元

$$x = \sum_{i=1}^{20} N_i(\xi, \eta, \zeta)x_i \qquad (2-39)$$

$$y = \sum_{i=1}^{20} N_i(\xi, \eta, \zeta) y_i \qquad (2-40)$$

$$z = \sum_{i=1}^{20} N_i(\xi, \eta, \zeta) z_i \qquad (2-41)$$

形函数为

$$N_i = \frac{1}{8}(1+\xi_i\xi)(1+\eta_i\eta)(1+\zeta_i\zeta)(\xi_i\xi+\eta_i\eta+\zeta_i\zeta-2) \quad (i=1,3,5,7,13,15,17,19) \quad (2-42)$$

$$N_i = \frac{1}{4}(1-\xi^2)(1+\eta_i\eta)(1+\zeta_i\zeta) \qquad (i=2,6,14,18) \qquad (2-43)$$

$$N_i = \frac{1}{4}(1+\xi_i\xi)(1-\eta^2)(1+\zeta_i\zeta) \qquad (i=4,8,16,20) \qquad (2-44)$$

$$N_i = \frac{1}{4}(1+\xi_i\xi)(1+\eta_i\eta)(1-\zeta^2) \qquad (i=9,10,11,12) \qquad (2-45)$$

形函数对局部坐标的导数得

$$\begin{cases} \dfrac{\partial N_i}{\partial \xi} = \dfrac{1}{8}\xi_i(1+\eta_i\eta)(1+\zeta_i\zeta)(2\xi_i\xi+\eta_i\eta+\zeta_i\zeta-1) \\[2mm] \dfrac{\partial N_i}{\partial \eta} = \dfrac{1}{8}\eta_i(1+\xi_i\xi)(1+\zeta_i\zeta)(\xi_i\xi+2\eta_i\eta+\zeta_i\zeta-1) \quad (i=1,3,5,7,13,15,17,19) \\[2mm] \dfrac{\partial N_i}{\partial \zeta} = \dfrac{1}{8}\zeta_i(1+\xi_i\xi)(1+\eta_i\eta)(\xi_i\xi+\eta_i\eta+2\zeta_i\zeta-1) \end{cases} \quad (2-46)$$

$$\begin{cases} \dfrac{\partial N_i}{\partial \xi} = -\dfrac{1}{2}\xi(1+\eta_i\eta)(1+\zeta_i\zeta) \\[2mm] \dfrac{\partial N_i}{\partial \eta} = \dfrac{1}{4}\eta_i(1-\xi^2)(1+\zeta_i\zeta) \qquad (i=2,6,14,18) \\[2mm] \dfrac{\partial N_i}{\partial \zeta} = \dfrac{1}{4}\zeta_i(1-\xi^2)(1+\eta_i\eta) \end{cases} \quad (2-47)$$

$$\begin{cases} \dfrac{\partial N_i}{\partial \xi} = \dfrac{1}{4}\xi_i(1-\eta^2)(1+\zeta_i\zeta) \\[2mm] \dfrac{\partial N_i}{\partial \eta} = -\dfrac{1}{2}\eta(1+\xi_i\xi)(1+\zeta_i\zeta) \qquad (i=4,8,16,20) \\[2mm] \dfrac{\partial N_i}{\partial \zeta} = \dfrac{1}{4}\zeta_i(1-\eta^2)(1+\xi_i\xi) \end{cases} \quad (2-48)$$

$$\begin{cases} \dfrac{\partial N_i}{\partial \xi} = \dfrac{1}{4}\xi_i(1-\zeta^2)(1+\eta_i\eta) \\[2mm] \dfrac{\partial N_i}{\partial \eta} = \dfrac{1}{4}\eta_i(1-\zeta^2)(1+\xi_i\xi) \qquad (i=9,10,11,12) \\[2mm] \dfrac{\partial N_i}{\partial \zeta} = -\dfrac{1}{2}\zeta(1+\xi_i\xi)(1+\eta_i\eta) \end{cases} \tag{2-49}$$

单元的位移为

$$\begin{cases} u = \sum_{i=1}^{20} N_i(\xi,\eta,\zeta)u_i \\[2mm] v = \sum_{i=1}^{20} N_i(\xi,\eta,\zeta)v_i \\[2mm] w = \sum_{i=1}^{20} N_i(\xi,\eta,\zeta)w_i \end{cases} \tag{2-50}$$

写成矩阵形式为

$$\{\delta\} = \begin{Bmatrix} u \\ v \\ w \end{Bmatrix} = \sum_{i=1}^{20} \begin{bmatrix} N_i & 0 & 0 \\ 0 & N_i & 0 \\ 0 & 0 & N_i \end{bmatrix} \begin{bmatrix} u_i \\ v_i \\ w_i \end{bmatrix} = \sum_{i=1}^{20} [N_i]\{\delta_i\} = [N]\{\delta\}^e \tag{2-51}$$

式中　　$\{\delta\}^e$——整个单元的节点位移列阵，$\{\delta\}^e = [\{\delta_1\} \quad \{\delta_2\} \quad \cdots \quad \{\delta_{20}\}]^T$；

　　　　$\{\delta_i\}$——单元中 i 节点的位移列阵，$\{\delta_i\} = [u_i \quad v_i \quad w_i]^T$。

单元的应变为

$$\{\varepsilon\} = [B]\{\delta\}^e = \sum_{i=1}^{20}[B_i]\{\delta_i\} \tag{2-52}$$

单元的特征矩阵为

$$[B_i] = \begin{bmatrix} \dfrac{\partial N_i}{\partial x} & 0 & 0 \\[2mm] 0 & \dfrac{\partial N_i}{\partial y} & 0 \\[2mm] 0 & 0 & \dfrac{\partial N_i}{\partial z} \\[2mm] \dfrac{\partial N_i}{\partial y} & \dfrac{\partial N_i}{\partial x} & 0 \\[2mm] 0 & \dfrac{\partial N_i}{\partial z} & \dfrac{\partial N_i}{\partial y} \\[2mm] \dfrac{\partial N_i}{\partial z} & 0 & \dfrac{\partial N_i}{\partial x} \end{bmatrix} \tag{2-53}$$

由复合函数求导规则求导可得

$$\begin{Bmatrix} \dfrac{\partial N_i}{\partial x} \\ \dfrac{\partial N_i}{\partial y} \\ \dfrac{\partial N_i}{\partial z} \end{Bmatrix} = [J]^{-1} \begin{Bmatrix} \dfrac{\partial N_i}{\partial \xi} \\ \dfrac{\partial N_i}{\partial \eta} \\ \dfrac{\partial N_i}{\partial \zeta} \end{Bmatrix} \qquad (2-54)$$

式中 $[J]$ ——坐标变换的雅可比矩阵。

$$[J] = \begin{bmatrix} \dfrac{\partial x}{\partial \xi} & \dfrac{\partial y}{\partial \xi} & \dfrac{\partial z}{\partial \xi} \\ \dfrac{\partial x}{\partial \eta} & \dfrac{\partial y}{\partial \eta} & \dfrac{\partial z}{\partial \eta} \\ \dfrac{\partial x}{\partial \zeta} & \dfrac{\partial y}{\partial \zeta} & \dfrac{\partial z}{\partial \zeta} \end{bmatrix} = \begin{bmatrix} \sum\limits_{i=1}^{20} \dfrac{\partial N_i}{\partial \xi} x_i & \sum\limits_{i=1}^{20} \dfrac{\partial N_i}{\partial \xi} y_i & \sum\limits_{i=1}^{20} \dfrac{\partial N_i}{\partial \xi} z_i \\ \sum\limits_{i=1}^{20} \dfrac{\partial N_i}{\partial \eta} x_i & \sum\limits_{i=1}^{20} \dfrac{\partial N_i}{\partial \eta} y_i & \sum\limits_{i=1}^{20} \dfrac{\partial N_i}{\partial \eta} z_i \\ \sum\limits_{i=1}^{20} \dfrac{\partial N_i}{\partial \zeta} x_i & \sum\limits_{i=1}^{20} \dfrac{\partial N_i}{\partial \zeta} y_i & \sum\limits_{i=1}^{20} \dfrac{\partial N_i}{\partial \zeta} z_i \end{bmatrix} \qquad (2-55)$$

空间问题的物理方程为

$$\{\sigma\} = [D]\{\varepsilon\} = [D][B]\{\delta\}^e \qquad (2-56)$$

式中 $[D]$ ——弹性矩阵。

$$[D] = \frac{E(1-\upsilon)}{(1+\upsilon)(1-2\upsilon)} \begin{bmatrix} 1 & \dfrac{\upsilon}{1-\upsilon} & \dfrac{\upsilon}{1-\upsilon} & 0 & 0 & 0 \\ \dfrac{\upsilon}{1-\upsilon} & 1 & \dfrac{\upsilon}{1-\upsilon} & 0 & 0 & 0 \\ \dfrac{\upsilon}{1-\upsilon} & \dfrac{\upsilon}{1-\upsilon} & 1 & 0 & 0 & 0 \\ 0 & 0 & 0 & \dfrac{1-2\upsilon}{2(1-\upsilon)} & 0 & 0 \\ 0 & 0 & 0 & 0 & \dfrac{1-2\upsilon}{2(1-\upsilon)} & 0 \\ 0 & 0 & 0 & 0 & 0 & \dfrac{1-2\upsilon}{2(1-\upsilon)} \end{bmatrix} \qquad (2-57)$$

由虚功原理得单元刚度矩阵为

$$[K]^e = \iiint\limits_{\Delta R} [B]^T [D][B] \mathrm{d}x\mathrm{d}y\mathrm{d}z = \begin{bmatrix} k_{11} & k_{12} & \dots & k_{18} \\ k_{21} & k_{22} & \dots & k_{28} \\ & & & \\ k_{81} & k_{82} & \dots & k_{88} \end{bmatrix} \qquad (2-58)$$

式中 $[B]$ ——几何矩阵。

$$[k_{ij}] = \iiint\limits_{\Delta R} [B_i]^T [D][B_j] \mathrm{d}x\mathrm{d}y\mathrm{d}z = \int_{-1}^{1}\int_{-1}^{1}\int_{-1}^{1} [B_i]^T [D][B_j] |J| \mathrm{d}\xi \mathrm{d}\eta \mathrm{d}\zeta \qquad (2-59)$$

2.3 碾压混凝土坝温度场计算的有限单元法

2.3.1 稳定温度场的有限元解法

由热传导基本理论得知，碾压混凝土坝稳定温度场 $T(x, y, z)$ 在计算域 R 内应满足 Laplace 方程：

$$\frac{\partial^2 T}{\partial x^2} + \frac{\partial^2 T}{\partial y^2} + \frac{\partial^2 T}{\partial z^2} = 0 \qquad (2-60)$$

在第一类边界上满足：$T = T_b$，在第三类边界上满足：$\lambda \dfrac{\partial T}{\partial n} + \beta(T - T_a) = 0$，在绝热边界上满足：$\lambda \dfrac{\partial T}{\partial n} = 0$。其中：$\beta$ 为表面放热系数，λ 为导热系数，n 为外法线方向，T_a、T_b 为给定的边界温度。

将整个计算域 R 采用 8 节点空间实体等参元进行离散，单元间节点相互连接。单元内任意点温度可由单元的节点温度采用形函数插值表示

$$T = \sum_{i=1}^{8} N_i T_i = [N]\{T\}^e \qquad (2-61)$$

即

$$\begin{cases} \dfrac{\partial T}{\partial x} = \sum_{i=1}^{8} \dfrac{\partial N_i}{\partial x} T \\[3mm] \dfrac{\partial T}{\partial y} = \sum_{i=1}^{8} \dfrac{\partial N_i}{\partial y} T \\[3mm] \dfrac{\partial T}{\partial z} = \sum_{i=1}^{8} \dfrac{\partial N_i}{\partial z} T_i \end{cases} \qquad (2-62)$$

式中　N_i ——形函数；

　　　T_i ——节点温度。

对（2-60）泛定方程在计算域 R 内应用加权余量法得

$$\iiint\limits_{R} W_i \left(\frac{\partial^2 T}{\partial x^2} + \frac{\partial^2 T}{\partial y^2} + \frac{\partial^2 T}{\partial z^2} \right) \mathrm{d}x\mathrm{d}y\mathrm{d}z = 0 \qquad (2-63)$$

式中　W_i ——权函数。

在计算子域 ΔR 内，令权函数 W_i 等于形函数 N_i，采用 Galerkin 变分法，分部积分后得

$$\iiint_{\Delta R}\left(\frac{\partial T}{\partial x}\frac{\partial N_i}{\partial x}+\frac{\partial T}{\partial y}\frac{\partial N_i}{\partial y}+\frac{\partial T}{\partial z}\frac{\partial N_i}{\partial z}\right)\mathrm{d}x\mathrm{d}y\mathrm{d}z-\iint_{\Delta S}\frac{\partial T}{\partial n}N_i\mathrm{d}s=0 \qquad (2-64)$$

将式（2−62）代入式（2−64），并将 $i=1\sim8$ 分别取值代入，则式（2−64）写成矩阵形式得

$$\iiint_{\Delta R}[B_t]^{\mathrm{T}}[B_t]\{T\}^{\mathrm{e}}\,dv=\iint_{\Delta S}[N]^{\mathrm{T}}\frac{\partial T}{\partial n}\mathrm{d}s \qquad (2-65)$$

式中

$$[B_t]=\begin{bmatrix}\dfrac{\partial N_1}{\partial x} & \dfrac{\partial N_2}{\partial x} & \cdots & \dfrac{\partial N_8}{\partial x} \\[2mm] \dfrac{\partial N_1}{\partial y} & \dfrac{\partial N_2}{\partial y} & \cdots & \dfrac{\partial N_8}{\partial y} \\[2mm] \dfrac{\partial N_1}{\partial z} & \dfrac{\partial N_2}{\partial z} & \cdots & \dfrac{\partial N_8}{\partial z}\end{bmatrix} \qquad (2-66)$$

边界条件可改写为

$$\frac{\partial T}{\partial n}=\frac{\beta}{\lambda}(T_a-T)=\frac{\beta}{\lambda}\left(T_a-\sum_{i=1}^{8}N_iT_i\right)=\frac{\beta}{\lambda}T_a-\frac{\beta}{\lambda}[N]\{T\}^{\mathrm{e}} \qquad (2-67)$$

对所有单元求和，得稳定温度场有限元方程

$$\sum_{\mathrm{e}}\left\{\iiint_{\Delta R}[B_t]^{\mathrm{T}}[B_t]\mathrm{d}v+\iint_{\Delta S}\frac{\beta}{\lambda}[N]^{\mathrm{T}}[N]\mathrm{d}s\right\}\{T\}^{\mathrm{e}}=\sum_{\mathrm{e}}\iint_{\Delta S}\frac{\beta}{\lambda}T_a[N]^{\mathrm{T}}\mathrm{d}s \qquad (2-68)$$

2.3.2 非稳定温度场有限元解法

非稳定温度场 $T(x,y,z,\tau)$ 的泛定方程为

$$\frac{\partial T}{\partial \tau}=a\left(\frac{\partial^2 T}{\partial x^2}+\frac{\partial^2 T}{\partial y^2}+\frac{\partial^2 T}{\partial z^2}\right)+\frac{\partial \theta}{\partial \tau} \qquad (2-69)$$

由固体热传导理论知，式（2−69）应满足的初始条件和边界条件为：

初始条件：$T|_{\tau=0}=T(x,y,z)$；

边界条件：第一类边界上 $T=T_b$；

第三类边界上 $-\lambda\dfrac{\partial T}{\partial n}=\beta(T-T_a)$；

绝热边界上 $\lambda\dfrac{\partial T}{\partial n}=0$。

根据以上初始条件和边界条件来求解温度场偏微分方程。首先将计算域 R 进行离散，使其变为仅含有对时间的导数的方程组，然后再在时间域内采用差分法进行求解。

对式（2−69）在三维空间域 ΔR 内采用加权余量法，可得

$$\iiint_{\Delta R} W_i\left[\left(\frac{\partial^2 T}{\partial x^2}+\frac{\partial^2 T}{\partial y^2}+\frac{\partial^2 T}{\partial z^2}\right)+\frac{1}{a}\left(\frac{\partial\theta}{\partial\tau}-\frac{\partial T}{\partial\tau}\right)\right]\mathrm{d}x\mathrm{d}y\mathrm{d}z=0 \qquad (2-70)$$

式中　W_i——权函数。

在空间域 ΔR 内采用 Galerkin 变分法，令权函数 W_i 等于形函数 N_i，即得

$$\iiint_{\Delta R} N_i\left[\left(\frac{\partial^2 T}{\partial x^2}+\frac{\partial^2 T}{\partial y^2}+\frac{\partial^2 T}{\partial z^2}\right)+\frac{1}{a}\left(\frac{\partial\theta}{\partial\tau}-\frac{\partial T}{\partial\tau}\right)\right]\mathrm{d}x\mathrm{d}y\mathrm{d}z=0 \qquad (2-71)$$

对上式分部积分后可得

$$\iiint_{\Delta R}\left[\left(\frac{\partial T}{\partial x}\frac{\partial N_i}{\partial x}+\frac{\partial T}{\partial y}\frac{\partial N_i}{\partial y}+\frac{\partial T}{\partial z}\frac{\partial N_i}{\partial z}\right)-\frac{N_i}{a}\left(\frac{\partial\theta}{\partial\tau}-\frac{\partial T}{\partial\tau}\right)\right]\mathrm{d}x\mathrm{d}y\mathrm{d}z-\iint_{\Delta s}\frac{\partial T}{\partial n}N_i\mathrm{d}s=0 \quad (2-72)$$

单元内任意点的温度可用形函数 N_i 和单元节点温度插值表示

$$T(x,y,z,\tau)=\sum_{i=1}^{8}N_iT_i=[N]\{T\}^{\mathrm{e}} \qquad (2-73)$$

因此有

$$\begin{cases}\dfrac{\partial T}{\partial x}=\sum_{i=1}^{8}\left(\dfrac{\partial N_i}{\partial x}T_i\right)\\[3mm]\dfrac{\partial T}{\partial y}=\sum_{i=1}^{8}\left(\dfrac{\partial N_i}{\partial y}T_i\right)\\[3mm]\dfrac{\partial T}{\partial z}=\sum_{i=1}^{8}\left(\dfrac{\partial N_i}{\partial z}T_i\right)\\[3mm]\dfrac{\partial T}{\partial\tau}=\sum_{i=1}^{8}\left(N_i\dfrac{\partial T_i}{\partial\tau}\right)=[N]\dfrac{\partial\{T\}^{\mathrm{e}}}{\partial\tau}\end{cases} \qquad (2-74)$$

将式（2-73）和式（2-74）代入式（2-72）中，并将其改写成矩阵形式得

$$\iiint_{\Delta R}[B_t]^{\mathrm{T}}[B_t]\{T\}^{\mathrm{e}}\mathrm{d}v-\iiint_{\Delta R}\frac{1}{a}[N]^{\mathrm{T}}\frac{\partial\theta}{\partial\tau}\mathrm{d}v+\iiint_{\Delta R}\frac{1}{a}[N]^{\mathrm{T}}[N]\frac{\partial\{T\}^{\mathrm{e}}}{\partial\tau}\mathrm{d}v-\iint_{\Delta s}[N]^{\mathrm{T}}\frac{\partial T}{\partial n}\mathrm{d}s=0$$

$$(2-75)$$

将边界条件 $\dfrac{\partial T}{\partial n}=-\dfrac{\beta}{\lambda}(T-T_a)$ 代入，并对所有单元进行求和可得

$$\sum_{\mathrm{e}}\left\{\iiint_{\Delta R}[B_t]^{\mathrm{T}}[B_t]\mathrm{d}v+\frac{\beta}{\lambda}\iint_{\Delta s}[N]^{\mathrm{T}}[N]\mathrm{d}s\right\}\{T\}^{\mathrm{e}}+\sum_{\mathrm{e}}\left\{\iiint_{\Delta R}\frac{1}{a}[N]^{\mathrm{T}}[N]\mathrm{d}v\right\}\frac{\partial\{T\}^{\mathrm{e}}}{\partial\tau}$$

$$-\sum_{\mathrm{e}}\left(\iiint_{\Delta R}\frac{1}{a}[N]^{\mathrm{T}}\frac{\partial\theta}{\partial\tau}\mathrm{d}v\right)-\sum_{\mathrm{e}}\left(\frac{\beta T_a}{\lambda}\iint_{\Delta s}[N]^{\mathrm{T}}\mathrm{d}s\right)=0 \qquad (2-76)$$

令

$$[H] = \sum_e [h]^e = \sum_e \left\{ \iiint_{\Delta R} [B_t]^T [B_t] \mathrm{d}v + \frac{\beta}{\lambda} \iint_{\Delta s} [N]^T [N] \mathrm{d}s \right\}$$

$$[C] = \sum_e [c]^e = \sum_e \left\{ \frac{1}{a} \iiint_{\Delta R} [N]^T [N] \mathrm{d}v \right\}$$

$$[P] = \sum_e \left\{ \iiint_{\Delta R} \frac{1}{a} [N]^T \frac{\partial \theta}{\partial \tau} \mathrm{d}v + \frac{\beta T_a}{\lambda} \iint_{\Delta s} [N]^T \mathrm{d}s \right\}$$

则式（2-76）可简写为矩阵形式为

$$[H]\{T\} + [C] \frac{\partial \{T\}}{\partial \tau} = \{P\} \qquad (2-77)$$

对时间域采用线性插值函数进行离散，在 $0 \leqslant \tau \leqslant \Delta \tau$ 内，单元的节点温度 $\{T\}$ 可表示为

$$\{T\} = [N_0(\tau) \quad N_1(\tau)] \begin{Bmatrix} \{T\}_0 \\ \{T\}_1 \end{Bmatrix} \qquad (2-78)$$

式中 $N_0(\tau)$、$N_1(\tau)$——时间域内的形函数，$N_0(\tau) = 1 - \dfrac{\tau}{\Delta \tau}$，$N_1(\tau) = \dfrac{\tau}{\Delta \tau}$。

$N_0(\tau)$、$N_1(\tau)$ 对时间求导数得：$\dfrac{\partial N_0(\tau)}{\partial \tau} = -\dfrac{1}{\Delta \tau}$，$\dfrac{\partial N_1(\tau)}{\partial \tau} = \dfrac{1}{\Delta \tau}$。由此可知所有节点温度对时间求导数得

$$\frac{\partial \{T\}}{\partial \tau} = \begin{bmatrix} \dfrac{\partial N_0(\tau)}{\partial \tau} & \dfrac{\partial N_1(\tau)}{\partial \tau} \end{bmatrix} \begin{Bmatrix} \{T\}_0 \\ \{T\}_1 \end{Bmatrix} = \begin{bmatrix} -\dfrac{1}{\Delta \tau} & \dfrac{1}{\Delta \tau} \end{bmatrix} \begin{Bmatrix} \{T\}_0 \\ \{T\}_1 \end{Bmatrix} \qquad (2-79)$$

根据初始条件，节点的初始温度 $\{T\}_0$ 是已知的，待求解的是 $\tau = \Delta \tau$ 时节点温度 $\{T\}_1$，在时间域内令权函数 W_i 等于形函数 N_i，由式（2-78）可得

$$\int_0^{\Delta \tau} N_1(\tau) \left([H]\{T\} + [C] \frac{\partial \{T\}}{\partial \tau} - \{P\} \right) \mathrm{d}\tau = 0 \qquad (2-80)$$

将式（2-78）、式（2-79）代入式（2-80）可得

$$\int_0^{\Delta \tau} \frac{\tau}{\Delta \tau} \left([H][N_0(\tau) \quad N_1(\tau)] \begin{Bmatrix} \{T\}_0 \\ \{T\}_1 \end{Bmatrix} + [C] \begin{bmatrix} -\dfrac{1}{\Delta \tau} & \dfrac{1}{\Delta \tau} \end{bmatrix} \begin{Bmatrix} \{T\}_0 \\ \{T\}_1 \end{Bmatrix} - \{P\} \right) \mathrm{d}\tau = 0 \qquad (2-81)$$

将式（2-81）对时间 τ 积分得

$$\left(\frac{2}{3}[H] + \frac{1}{\Delta \tau}[C] \right) \{T\}_1 + \left(\frac{1}{3}[H] - \frac{1}{\Delta \tau}[C] \right) \{T\}_0 = \frac{2}{\Delta \tau} \int_0^{\Delta \tau} \frac{\tau}{\Delta \tau} \{P\} \mathrm{d}\tau \qquad (2-82)$$

同理可将 $\{P\}$ 表示为

$$\{P\} = [N_0(\tau) \quad N_1(\tau)] \begin{Bmatrix} \{P\}_0 \\ \{P\}_1 \end{Bmatrix}$$

式中　$\{P\}_0$、$\{P\}_1$——$\tau = 0$ 时刻和 $\tau = \Delta\tau$ 时刻的 $\{P\}$ 值，则式（2-82）等号右边可表示为

$$\frac{2}{\Delta\tau}\int_0^{\Delta\tau}\frac{\tau}{\Delta\tau}\{P\}\mathrm{d}\tau = \frac{1}{3}\{P\}_0 + \frac{2}{3}\{P\}_1 \qquad (2-83)$$

将式（2-83）代入式（2-84）中，得求解非稳定温度场的方程

$$\left(\frac{2}{3}[H] + \frac{1}{\Delta\tau}[C]\right)\{T\}_1 = \left(\frac{1}{3}\{P\}_0 + \frac{2}{3}\{P\}_1\right) - \left(\frac{1}{3}[H] - \frac{1}{\Delta\tau}[C]\right)\{T\}_0 \qquad (2-84)$$

其中，$\{T\}_0 = \{T(\tau_0)\}$；$\{T\}_1 = \{T(\tau_0 + \Delta\tau)\}$

$\{P\}_0 = \{P(\tau_0)\}$；$\{P\}_1 = \{P(\tau_0 + \Delta\tau)\}$

$$[H] = \sum_e \left\{ \iiint_{\Delta R} [B_t]^\mathrm{T}[B_t]\mathrm{d}v + \frac{\beta}{\lambda}\iint_{\Delta s}[N]^\mathrm{T}[N]\mathrm{d}s \right\}$$

$$[C] = \sum_e \left\{ \frac{1}{a}\iiint_{\Delta R}[N]^\mathrm{T}[N]\mathrm{d}v \right\}$$

$$\{P\} = \sum_e \left\{ \iiint_{\Delta R}\frac{1}{a}[N]^\mathrm{T}\frac{\partial\theta}{\partial\tau}\mathrm{d}v + \frac{\beta T_a}{\lambda}\iint_{\Delta S}[N]^\mathrm{T}\mathrm{d}s \right\}$$

当 $\tau_0 = 0$ 时或当边界条件产生变化时，定解的初始条件与边界条件有可能出现不协调的情况，此时在 $\Delta\tau$ 时段内，不能再使用加权余量法，而应采用直接差分法。

$$\frac{\partial T}{\partial\tau} = \frac{\{T\}_1 - \{T\}_0}{\Delta\tau} \qquad (2-85)$$

将式（2-85）代入式（2-77）得

$$[H]\{T\}_1 + [C]\frac{\{T_1 - T_0\}}{\Delta\tau} = \{p\}_1 \qquad (2-86)$$

整理后可得求解非稳定温度场的方程

$$\left([H] + \frac{[C]}{\Delta\tau}\right)\{T\}_1 = \{P\}_1 + \frac{[C]}{\Delta\tau}\{T\}_0 \qquad (2-87)$$

2.4　碾压混凝土坝温度应力计算的有限单元法

在无约束的条件下，对于各向同性的弹性体，单纯由温度变化所引起的弹性体内各点的应变为

$$\begin{cases} \varepsilon_x = \varepsilon_y = \varepsilon_z = \alpha T \\ \gamma_{xy} = \gamma_{yz} = \gamma_{zx} = 0 \end{cases} \qquad (2-88)$$

式中　α——材料的线膨胀系数。在各向同性体中 α 在三个方向上的值均相同，因此各向正

应变也相同，即

$$\left\{\varepsilon^0\right\}=\alpha T\begin{bmatrix} 1 & 1 & 1 & 0 & 0 & 0\end{bmatrix}^{\mathrm{T}} \tag{2-89}$$

弹性体材料内各点的总应变等于应力所产生的应变与温度变化引起的应变之和。记为 $\theta=\varepsilon_x+\varepsilon_y+\varepsilon_z$，引入 Lame 常数：一阶 Lame 常数 $\lambda=\dfrac{E\upsilon}{(1+\upsilon)(1-2\upsilon)}$ 和二阶 Lame 常数 $\mu=G=\dfrac{E}{2(1+\upsilon)}$，则有

$$\begin{cases} \varepsilon_x=\dfrac{1}{E}\left[\sigma_x-\upsilon(\sigma_y+\sigma_z)\right]+\alpha T \\[2mm] \varepsilon_y=\dfrac{1}{E}\left[\sigma_y-\upsilon(\sigma_z+\sigma_x)\right]+\alpha T \\[2mm] \varepsilon_z=\dfrac{1}{E}\left[\sigma_z-\upsilon(\sigma_x+\sigma_y)\right]+\alpha T \\[2mm] \gamma_{xy}=\dfrac{1}{G}\tau_{xy}+0 \\[2mm] \gamma_{yz}=\dfrac{1}{G}\tau_{yz}+0 \\[2mm] \gamma_{zx}=\dfrac{1}{G}\tau_{zx}+0 \end{cases} \tag{2-90}$$

由式（2-90）求解应力为

$$\begin{cases} \sigma_x=\lambda\theta+2\mu\varepsilon_x-\dfrac{\alpha ET}{1-2\upsilon} \\[2mm] \sigma_y=\lambda\theta+2\mu\varepsilon_y-\dfrac{\alpha ET}{1-2\upsilon} \\[2mm] \sigma_z=\lambda\theta+2\mu\varepsilon_z-\dfrac{\alpha ET}{1-2\upsilon} \\[2mm] \tau_{xy}=\mu\gamma_{xy} \\[2mm] \tau_{yz}=\mu\gamma_{yz} \\[2mm] \tau_{zx}=\mu\gamma_{zx} \end{cases} \tag{2-91}$$

将式（2-91）代入采用位移表示的静力平衡方程中得

$$\begin{cases} (\lambda+\mu)\dfrac{\partial\theta}{\partial x}+\mu\nabla^2 u-\dfrac{\alpha E}{1-2\upsilon}\dfrac{\partial T}{\partial x}=0 \\[2mm] (\lambda+\mu)\dfrac{\partial\theta}{\partial y}+\mu\nabla^2 v-\dfrac{\alpha E}{1-2\upsilon}\dfrac{\partial T}{\partial y}=0 \\[2mm] (\lambda+\mu)\dfrac{\partial\theta}{\partial z}+\mu\nabla^2 w-\dfrac{\alpha E}{1-2\upsilon}\dfrac{\partial T}{\partial z}=0 \end{cases} \tag{2-92}$$

将式（2-92）代入采用位移所表示的边界条件中，假定无面力作用，可得

$$\begin{cases} \dfrac{\alpha ET}{1-2\upsilon}l = \lambda\theta l + \mu\left(\dfrac{\partial u}{\partial x}l + \dfrac{\partial u}{\partial y}m + \dfrac{\partial u}{\partial z}n\right) + \mu\left(\dfrac{\partial u}{\partial x}l + \dfrac{\partial v}{\partial x}m + \dfrac{\partial w}{\partial x}n\right) \\[3mm] \dfrac{\alpha ET}{1-2\upsilon}m = \lambda\theta m + \mu\left(\dfrac{\partial v}{\partial x}l + \dfrac{\partial v}{\partial y}m + \dfrac{\partial v}{\partial z}n\right) + \mu\left(\dfrac{\partial u}{\partial y}l + \dfrac{\partial v}{\partial y}m + \dfrac{\partial w}{\partial y}n\right) \\[3mm] \dfrac{\alpha ET}{1-2\upsilon}n = \lambda\theta n + \mu\left(\dfrac{\partial w}{\partial x}l + \dfrac{\partial w}{\partial y}m + \dfrac{\partial w}{\partial z}n\right) + \mu\left(\dfrac{\partial u}{\partial z}l + \dfrac{\partial v}{\partial z}m + \dfrac{\partial w}{\partial z}n\right) \end{cases} \quad (2-93)$$

由式（2-91）可知正应力分量包括两部分：第一部分与一般弹性体相同，应力是由变形所引起的；第二部分是与温度 T 成正比的应力 $-\dfrac{E\alpha T}{1-2\upsilon}$，将温度应力看作是假想的体力及面力引起的应力，只是在求解正应力时将 $-\dfrac{E\alpha T}{1-2\upsilon}$ 部分叠加上，于是就将求解温度应力问题变为通常的已知体力和面力的问题。

一般弹性体应力计算的有限元表达式如下：

（1）位移函数为

$$\{\delta\} = \begin{Bmatrix} u \\ v \\ w \end{Bmatrix} = \begin{bmatrix} IN_1 & IN_2 & \cdots & IN_n \end{bmatrix}\{\delta\}^e \quad (2-94)$$

式中　$\{\delta\}$——位移列向量；

　　　I——单位矩阵；

　　　n——单元的节点数；

　　　N_i——形函数；

　　　$\{\delta\}^e$——单元节点位移列向量。

（2）应变公式为

$$\{\varepsilon\} = \begin{bmatrix} \varepsilon_x & \varepsilon_y & \varepsilon_z & \gamma_{xy} & \gamma_{yz} & \gamma_{zx} \end{bmatrix}^T = [B]\{\delta\}^e \quad (2-95)$$

式中　$\{\varepsilon\}$——应变列向量；

　　　$[B]$——应变矩阵，$[B] = \begin{bmatrix} B_1 & B_2 & \cdots & B_n \end{bmatrix}$。

（3）应力公式为

$$\{\sigma\} = \begin{bmatrix} \sigma_x & \sigma_y & \sigma_z & \tau_{xy} & \tau_{yz} & \tau_{zx} \end{bmatrix}^T = [D]\{\varepsilon\} \quad (2-96)$$

式中　$[D]$——弹性矩阵；

　　　$\{\sigma\}$——应力列向量。

节点力与节点位移有关系式

$$\{F\}^e = \iiint\limits_{\Delta R} [B]^T[D]\{\varepsilon\}\mathrm{d}x\mathrm{d}y\mathrm{d}z = \iiint\limits_{\Delta R} [B]^T[D][B]\{\delta\}^e\mathrm{d}x\mathrm{d}y\mathrm{d}z = [K]^e\{\delta\}^e \quad (2-97)$$

式中　$\{F\}^e$——单元节点力列向量；

　　　$[K]^e$——单元刚度矩阵。

变温等效节点荷载的计算如下：

将温度变化引起的应变作为初应变，用矩阵表示为：

$$\{\varepsilon^0\} = [\varepsilon_x^0 \quad \varepsilon_y^0 \quad \varepsilon_z^0 \quad \gamma_{xy}^0 \quad \gamma_{yz}^0 \quad \gamma_{zx}^0]^T = \alpha T[1 \quad 1 \quad 1 \quad 0 \quad 0 \quad 0]^T \quad (2-98)$$

则式（2-90）的正应变为

$$\begin{cases} \varepsilon_x - \varepsilon_x^0 = \dfrac{1}{E}\left[\sigma_x - \upsilon(\sigma_y + \sigma_z)\right] \\[2mm] \varepsilon_y - \varepsilon_y^0 = \dfrac{1}{E}\left[\sigma_y - \upsilon(\sigma_z + \sigma_x)\right] \\[2mm] \varepsilon_z - \varepsilon_z^0 = \dfrac{1}{E}\left[\sigma_z - \upsilon(\sigma_x + \sigma_y)\right] \end{cases} \quad (2-99)$$

即应力与应变的关系为

$$\begin{cases} \varepsilon_x = \dfrac{1}{E}\left[\sigma_x - \upsilon(\sigma_y + \sigma_z)\right] \\[2mm] \varepsilon_y = \dfrac{1}{E}\left[\sigma_y - \upsilon(\sigma_z + \sigma_x)\right] \\[2mm] \varepsilon_z = \dfrac{1}{E}\left[\sigma_z - \upsilon(\sigma_x + \sigma_y)\right] \end{cases} \quad (2-100)$$

如果存在初应变时，应力与应变的关系为

$$\{\sigma\} = [D](\{\varepsilon\} - \{\varepsilon^0\}) = [D]\{\varepsilon\} - [D]\{\varepsilon^0\} = [D][B]\{\delta\}^e - [D]\{\varepsilon^0\} \quad (2-101)$$

同理以 $\{\varepsilon\} - \{\varepsilon^0\}$ 代替式（2-98）中的 $\{\varepsilon\}$ 得

$$\{F\}^e = \iiint\limits_{\Delta R}[B]^T[D](\{\varepsilon\} - \{\varepsilon^0\})\mathrm{d}x\mathrm{d}y\mathrm{d}z = [K]^e\{\delta\}^e - \iiint\limits_{\Delta R}[B]^T[D]\{\varepsilon^0\}\mathrm{d}x\mathrm{d}y\mathrm{d}z \quad (2-102)$$

式中 $\quad \iiint\limits_{\Delta R}[B]^T[D]\{\varepsilon^0\}\mathrm{d}x\mathrm{d}y\mathrm{d}z$ ——由温度 T 所引起的等效节点荷载。

弹性体温度变化引起的应力求解与在体力和面力作用下的应力问题的求解思路是一样的，但必须先求出温度变化引起的等效节点荷载，在求得节点位移以后再运用式（2-101）计算温度应力。

2.5 碾压混凝土的徐变与温度徐变应力

2.5.1 碾压混凝土的徐变特性

碾压混凝土在荷载的长期作用下，随时间增长而沿受力方向增加的塑性变形称为碾压混凝土的徐变。碾压混凝土产生徐变的主要原因是水泥石中的胶凝体产生的黏性流动（颗粒间的相对滑动）。

影响碾压混凝土的徐变变形主要有四个方面的因素：

（1）内在因素。即碾压混凝土的组成成分和混凝土的配合比。当骨料级配较好、骨料最大粒径较大、弹性模量较大时，碾压混凝土的徐变较小；水泥自身的质量以及碾压混凝土中所添加的添加剂对碾压混凝土的徐变影响也较大。另外，水灰比较大时，混凝土的徐变较大；水灰比一定时，水泥用量越大，混凝土的徐变越大。

（2）加载龄期。在相同的养护条件下，初始加载时，混凝土的龄期越早，则徐变越大。

（3）应力条件。混凝土构件应力水平越高，应力历史越长，其徐变越大。

（4）环境因素。混凝土的徐变与其养护和使用条件下的温、湿度有很大的关系。混凝土的养护温度越高，湿度越大，水泥水化作用越充分，徐变越小；试件受荷后，环境温度低，湿度大，徐变越小。

此外，混凝土的徐变还与试验时的应力种类、试件尺寸等有关。

从现有的试验资料看，混凝土在长期荷载作用下的徐变泊松比基本为常数，与混凝土瞬时变形的泊松比在数值上几乎相等，因此，为简化计算，一般假定徐变泊松比等于瞬时变形的泊松比来计算混凝土的变形。另外，根据试验资料，当拉应力不超过混凝土抗拉强度的80%、压应力不超过混凝土抗压强度的50%时，混凝土的徐变与应力基本保持线性关系，可按线性徐变理论计算。

考虑到混凝土属非均质体，不符合线性变形条件，除与应力水平有关外，其徐变还与应力历史有关。因此，采用有限元法分析时，一般将时间划分为若干个时间段，用增量法计算混凝土徐变。

2.5.2　碾压混凝土的徐变度

碾压混凝土的徐变度是指在单位应力下碾压混凝土产生的徐变变形。徐变度 $C(t,\tau)$ 不仅与持荷时间 $t-\tau$ 有关，还与加载时混凝土的龄期 τ 有关，加载时龄期越小，混凝土的徐变度越大。根据试验资料，徐变度 $C(t,\tau)$ 的表达式应满足以下条件：

（1）当 $t-\tau=0$ 时，$C(t,\tau)=0$；

（2）当 $t-\tau>0$ 时，$C(t,\tau)>0$；

（3）混凝土徐变的速度随龄期 τ 的增长而逐渐减小，即 $\dfrac{\partial C(t,\tau)}{\partial \tau}<0$；

（4）持荷时间 $t-\tau \to \infty$ 时，$C(t,\tau) \to \mathrm{const}$。

根据试验结果，混凝土的徐变变形包括不可逆徐变和可逆徐变两部分，因此徐变度可表示为

$$C(t,\tau)=C_1(t,\tau)+C_2(t,\tau) \qquad (2-103)$$

式中　　$C_1(t,\tau)$ ——可逆徐变，即卸载后可恢复的徐变变形；

$C_2(t,\tau)$ ——不可逆徐变，即卸载后不可恢复的徐变变形；

t ——时间；

τ ——加载龄期。

可逆徐变与不可逆徐变可分别采用下列复合指数式表示，

$$C_1(t,\tau) = \sum_{i=1}^{n} (f_i + g_i \tau^{-p_i})[1 - e^{-r_i(t-\tau)}] \qquad (2-104)$$

$$C_2(t,\tau) = \sum_{i=1}^{m} D_i [e^{-s_i \tau} - e^{-s_i t}] \qquad (2-105)$$

式中　f_i、g_i、p_i、r_i、D_i 和 s_i ——常数，一般取 $n=2$，$m=1$，则可得到

$$C(t,\tau) = (f_1 + g_1 \tau^{-p_1})[1 - e^{-r_1(t-\tau)}] + (f_2 + g_2 \tau^{-p_2})[1 - e^{-r_2(t-\tau)}] + D[e^{-s\tau} - e^{-st}] \qquad (2-106)$$

在上式中取 $r_1 > r_2$，则上式右边第一部分表示的是加载早期的可逆徐变变形，第二部分表示的是加载晚期的可逆徐变变形，第三部分表示的是不可逆徐变变形。将不可逆徐变变形公式做变换

$$C_2(t,\tau) = D[e^{-s\tau} - e^{-s(t-\tau+\tau)}] = De^{-s\tau}(1 - e^{-s(t-\tau)}) \qquad (2-107)$$

由此，可将式（2-104）、式（2-105）统一写成

$$C(t,\tau) = \sum_{i=1}^{n} \Psi_i(\tau)[1 - e^{-r_i(t-\tau)}] \qquad (2-108)$$

其中，可逆徐变时，$\Psi_i(\tau) = f_i + g_i \tau^{-p_i}$；不可逆徐变时，$\Psi_i(\tau) = De^{-s\tau} = De^{-r_n\tau}$。

混凝土的徐变变形主要是可逆徐变，约占徐变变形的 $70\% \sim 80\%$[55]。应用弹性徐变理论，将不可逆徐变合并到可逆徐变后，徐变度表达式可以简化成

$$C(t,\tau) = \sum_{i=1}^{n} \left(A_i + B_i \tau^{-C_i}\right) \left[1 - e^{-D_i(t-\tau)}\right] \qquad (2-109)$$

徐变度表达式中的参数可根据徐变试验来确定。在式（2-109）中取 $n=2$，令 $x_1 = A_1$，$x_2 = B_1$，$x_3 = C_1$，$x_4 = D_1$，$x_5 = A_2$，$x_6 = B_2$，$x_7 = C_2$，$x_8 = D_2$，因此式（2-109）可展开得

$$C(t,\tau) = (x_1 + x_2 \tau^{-x_3})[1 - e^{-x_4(t-\tau)}] + (x_5 + x_6 \tau^{-x_7})[1 - e^{-x_8(t-\tau)}] \qquad (2-110)$$

设试验中观测到的徐变变形为 $C'(t,\tau)$，则计算值与实测值的误差为

$$Q = C(t,\tau) - C'(t,\tau) \qquad (2-111)$$

考虑到每一观测点都存在一个误差值，令 F 为全部观测点误差的平方和，即

$$F = \sum Q^2 = \sum [C(t,\tau) - C'(t,\tau)]^2 \qquad (2-112)$$

F 是 $\{x\} = [x_1 \quad x_2 \quad \cdots \quad x_8]^T$ 的函数。从物理概念上看，$x_i \geq 0$，因此，$\{x\}$ 的值可以取

$$\left.\begin{aligned} F(x) &= \sum Q^2 \to \min \\ x_i &\geq 0, i = 1 \sim 8 \end{aligned}\right\} \qquad (2-113)$$

式（2-113）是非线性规划中的约束极值问题，且未知量的个数不多，为使求得的参数不仅能误差平方和最小，而且能满足约束条件，一般常用复形法求解。

2.5.3 碾压混凝土徐变应力分析

碾压混凝土温度应力计算时，一般采用初应变法考虑混凝土的徐变。即首先假定在较短的时段内混凝土各应力分量保持不变；计算出混凝土的徐变变形；然后将所求得的徐变变形作为混凝土的初应变，并转化成节点荷载，最后再用有限元方法计算混凝土的徐变应力。

1. 单向应力状态下的徐变应变增量计算

混凝土的应变可分为弹性应变和徐变应变

$$\varepsilon(t) = \varepsilon^e(t) + \varepsilon^c(t) \tag{2-114}$$

其中，$\varepsilon^e(t) = \dfrac{\Delta\sigma_0}{E(\tau)} + \displaystyle\int_{t_0}^{t} \dfrac{1}{E(\tau)}\dfrac{\mathrm{d}\sigma}{\mathrm{d}\tau}\mathrm{d}\tau$，为弹性应变；

$\varepsilon^c(t) = \Delta\sigma_0 c(t,t_0) + \displaystyle\int_{t_0}^{t} c(t,\tau)\dfrac{\mathrm{d}\sigma}{\mathrm{d}\tau}\mathrm{d}\tau$，为徐变应变。

将时间划分为一系列的时间段，如 Δt_1，Δt_2，…，Δt_n，…，其中 $\Delta t_n = t_n - t_{n-1}$。取相邻的三个时刻 t_{n-1}、t_n、t_{n+1}，时间步长分别为 $\Delta t_n = t_n - t_{n-1}$ 和 $\Delta t_{n+1} = t_{n+1} - t_n$，在 Δt_{n+1} 时段内的徐变应变增量为

$$\Delta\varepsilon_{n+1}^c = \varepsilon^c(t_{n+1}) - \varepsilon^c(t_n) = \sum_{j=1}^{m}(1 - e^{-r_j\Delta t_{n+1}})w_{j,n+1} + \Delta\sigma_{n+1}C(t_{n+1}, t_{n+1-0.5}) \tag{2-115}$$

其中，$\begin{cases} w_{j,n+1} = w_{j,n}e^{-r_j\Delta t_n} + \Delta\sigma_n\phi_j(t_{n-0.5})e^{-0.5r_j\Delta t_n} \\ w_{j,1} = \Delta\sigma_0\phi_j(t_0) \end{cases}$。

因此混凝土徐变应变增量可写为

$$\begin{cases} \Delta\varepsilon_n^c = \varepsilon^c(t_n) - \varepsilon^c(t_{n-1}) = \eta_n + q_n\Delta\sigma_n \\ \eta_n = \displaystyle\sum_{j=1}^{m}(1 - e^{-r_j\Delta t_n})w_{j,n} \\ q_n = C(t_n, t_{n-0.5}) \end{cases} \tag{2-116}$$

其中，$w_{j,n}$ 可由以下递推公式计算得

$$\begin{cases} w_{j,n} = w_{j,n-1}e^{-r_j\Delta t_{n-1}} + \Delta\sigma_{n-1}\phi_j(t_{n-1-0.5})e^{-0.5r_j\Delta t_{n-1}} \\ w_{j,1} = \Delta\sigma_0\phi_j(t_0) \end{cases} \tag{2-117}$$

2. 复杂应力状态下应变增量的计算

对于空间问题，应力增量取列阵为

$$\{\Delta\sigma\} = [\Delta\sigma_x \quad \Delta\sigma_y \quad \Delta\sigma_z \quad \Delta\tau_{xy} \quad \Delta\tau_{yz} \quad \Delta\tau_{zx}]^T \tag{2-118}$$

应变增量取列阵为

$$\{\Delta\varepsilon\} = [\Delta\varepsilon_x \quad \Delta\varepsilon_y \quad \Delta\varepsilon_z \quad \Delta\gamma_{xy} \quad \Delta\gamma_{yz} \quad \Delta\gamma_{zx}]^T \tag{2-119}$$

弹性应变增量为

$$\{\Delta\varepsilon_n^e\} = \frac{1}{E(t_{n-0.5})}[Q]\{\Delta\sigma_n\} \tag{2-120}$$

徐变应变增量为

$$\{\Delta\varepsilon_n^c\} = \{\eta_n\} + q_n[Q]\{\Delta\sigma_n\} \tag{2-121}$$

其中，
$$\begin{cases}
q_n = C(t_n, t_{n-0.5}) \\
\{\eta_n\} = \sum_{j=1}^{m}(1-e^{-r_j\Delta t_n})\{w_{j,n}\} \\
\{w_{j,n}\} = \{w_{j,n-1}\}e^{-r_j\Delta t_{n-1}} + [Q]\{\Delta\sigma_{n-1}\}\phi_j(t_{n-1-0.5})e^{-0.5r_j\Delta t_{n-1}} \\
\{w_{j,1}\} = [Q]\{\Delta\sigma_0\}\phi_j(t_0)
\end{cases}$$

$$[Q] = \begin{bmatrix}
1 & -\mu & -\mu & 0 & 0 & 0 \\
-\mu & 1 & -\mu & 0 & 0 & 0 \\
-\mu & -\mu & 1 & 0 & 0 & 0 \\
0 & 0 & 0 & 2(1+\mu) & 0 & 0 \\
0 & 0 & 0 & 0 & 2(1+\mu) & 0 \\
0 & 0 & 0 & 0 & 0 & 2(1+\mu)
\end{bmatrix}$$

$$[Q]^{-1} = \frac{1-\mu}{(1+\mu)(1-2\mu)}\begin{bmatrix}
1 & \dfrac{\mu}{1-\mu} & \dfrac{\mu}{1-\mu} & 0 & 0 & 0 \\
\dfrac{\mu}{1-\mu} & 1 & \dfrac{\mu}{1-\mu} & 0 & 0 & 0 \\
\dfrac{\mu}{1-\mu} & \dfrac{\mu}{1-\mu} & 1 & 0 & 0 & 0 \\
0 & 0 & 0 & \dfrac{1-2\mu}{2(1-\mu)} & 0 & 0 \\
0 & 0 & 0 & 0 & \dfrac{1-2\mu}{2(1-\mu)} & 0 \\
0 & 0 & 0 & 0 & 0 & \dfrac{1-2\mu}{2(1-\mu)}
\end{bmatrix}$$

弹性矩阵由式（2-112）进行计算得

$$[D] = E[Q]^{-1} \tag{2-122}$$

复杂应力状态下，$\{\eta\}$ 和 $\{w\}$ 都是向量，对于三维空间问题有

$$\{\eta\} = [\eta_x \quad \eta_y \quad \eta_z \quad \eta_{xy} \quad \eta_{yz} \quad \eta_{zx}]^T \tag{2-123}$$

$$\{w\} = [w_x \quad w_y \quad w_z \quad w_{xy} \quad w_{yz} \quad w_{zx}]^T \tag{2-124}$$

3. 平衡方程组

混凝土应变增量主要包括弹性应变增量、徐变应变增量、温度应变增量、干缩应变增量

和自生体积变形应变增量。在计算时不考虑混凝土的干缩变形，因此应变增量列阵为

$$\{\Delta \varepsilon_n\} = \{\Delta \varepsilon_n^e\} + \{\Delta \varepsilon_n^c\} + \{\Delta \varepsilon_n^T\} + \{\Delta \varepsilon_n^g\} \qquad (2-125)$$

式中　　$\{\Delta \varepsilon_n\}$——应变增量列向量；

$\{\Delta \varepsilon_n^c\}$——徐变应变增量列向量；

$\{\Delta \varepsilon_n^T\}$——温度应变增量列向量；

$\{\Delta \varepsilon_n^e\}$——弹性应变增量列向量；

$\{\Delta \varepsilon_n^g\}$——自生体积变形应变增量列向量。

将式（2-77）代入式（2-82）中可得应力增量列阵为

$$\{\Delta \sigma_n\} = [D_n]\{\Delta \varepsilon_n^e\} = [D_n](\{\Delta \varepsilon_n\} - \{\Delta \varepsilon_n^c\} - \{\Delta \varepsilon_n^T\} - \{\Delta \varepsilon_n^g\}) \qquad (2-126)$$

式中　　$[D_n]$——弹性矩阵，$[D_n] = E(t_{n-0.5})[Q]^{-1}$。

将 $\{\Delta \varepsilon_n\} = [B]\{\Delta \delta_n\}$ 和式（2-121）代入上式，整理后得复杂应力状态下应力增量与应变增量的关系

$$\{\Delta \sigma_n\} = [\overline{D_n}]([B]\{\Delta \delta_n\} - \{\eta_n\} - \{\Delta \varepsilon_n^T\} - \{\Delta \varepsilon_n^g\}) \qquad (2-127)$$

其中，$[\overline{D_n}] = ([I] + q_n[D_n][Q])^{-1}[D_n] = \dfrac{1}{1 + q_n E(t_{n-0.5})}[D_n] = \dfrac{E(t_{n-0.5})}{1 + q_n E(t_{n-0.5})}[Q]^{-1}$。

有限单元法平衡方程组为

$$\int [B]^T \{\Delta \sigma_n\} \mathrm{d}v = \{\Delta p_n\} \qquad (2-128)$$

式中　　$\{\Delta p_n\}$——外荷载增量列阵。

将式（2-127）代入式（2-128）中可得混凝土徐变分析的基本方程

$$[K_n]\{\Delta \delta_n\} = \{\Delta p_n\} + \{\Delta p_n^c\} + \{\Delta p_n^T\} + \{\Delta p_n^g\} \qquad (2-129)$$

式中　　$[K_n]$——结构的刚度矩阵，$[K_n] = \int [B]^T[\overline{D_n}][B]\mathrm{d}v$；

$\{\Delta p_n^T\}$——混凝土温度变形引起的荷载增量，$\{\Delta p_n^T\} = \int [B]^T[\overline{D_n}]\{\Delta \varepsilon_n^T\}\mathrm{d}v$；

$\{\Delta p_n^c\}$——混凝土徐变变形引起的荷载增量，$\{\Delta p_n^c\} = \int [B]^T[\overline{D_n}][\eta_n]\mathrm{d}v$；

$\{\Delta p_n^g\}$——混凝土自生体积变形引起的荷载增量，$\{\Delta p_n^g\} = \int [B]^T[\overline{D_n}]\{\Delta \varepsilon_n^g\}\mathrm{d}v$。

由式（2-129）即可推求出混凝土结构的位移增量 $\{\Delta \delta_n\}$，进而可推求出应力增量 $\{\Delta \sigma_n\}$，将应力增量 $\{\Delta \sigma_n\}$ 与上一时刻的应力叠加即得到现时刻的徐变应力值。

3 碾压混凝土坝三维有限元温控仿真程序开发

3.1 FORTRAN 语言温控仿真程序

3.1.1 程序功能

课题组早在 20 世纪 80 年代就基于 FORTRAN 语言初步开发出了混凝土坝三维有限元仿真计算程序，在此基础上结合所承担的国家"八·五"重点科技攻关项目"龙滩碾压混凝土重力坝温度应力的计算与分析"和"九·五"重点科技攻关项目"高碾压混凝土重力坝温度应力分析和防裂措施研究"等课题，完善并发展了混凝土坝三维有限元仿真计算程序。该仿真计算程序主要具有以下功能：

（1）根据坝体的体型建立三维有限元模型，实现网格自动剖分并显示；可根据实际工程的混凝土材料分区图给不同部位混凝土赋相应的热力学参数。

（2）模拟不同高程边界水温按年周期变化和气温变化计算运行期的准稳定温度场和稳定温度场。

（3）模拟不同横缝间距对坝体温度场和应力场的影响。

（4）模拟实际的施工进度、浇筑温度和浇筑层厚，考虑混凝土的绝热温升、弹性模量、徐变度和自生体积变形等随龄期的变化，以及外界气温随时间的变化、分期蓄水、层间间歇、寒潮降温、表面保温、表面流水、冷却水管等对温度场和应力场进行仿真计算。

（5）根据需要仿真计算混凝土坝和碾压混凝土坝施工期和运行期的温度徐变应力场，可考虑或不考虑自重荷载的影响。

（6）在计算混凝土坝和碾压混凝土坝的温度场和应力场时，可根据需要计算网格的浮动，在材料的力学、热学性质变化较大时段用细网格，随后浮动为粗网格，这种浮动有规律、有序地反复进行，实现模拟薄层浇筑混凝土的实际影响，且能节省计算机运行时间和计算机存储单元，使碾压混凝土高坝按分层施工进行温度场和应力场的三维有限元仿真计算分析在微机上实施成为可能。

（7）能根据整理成果的需要输出不同的计算成果。如输出某一指定时刻的温度场和应力场的等值线图；输出典型点的温度、应力分量的历时曲线；输出每个时刻的最高温度值及其空间坐标位置和节点号。

（8）根据施工期间各种施工条件和因素的变化，快速仿真计算出坝体温度场，使工程技术人员随时了解坝体温度场随施工条件和各种因素的变化而发生的温度场的变化，以便采取相应温控措施。

（9）程序具有良好的人机交互界面和图形功能，达到了面向对象的可视化效果。

3.1.2　碾压混凝土重力坝温控仿真程序

1. 程序总体结构

该程序主要包含四个部分：前处理系统、程序内核系统、后处理系统和帮助系统。程序内核系统采用 FORTRAN 语言编写，在 Visual Fortran6.5 系统中编译通过，程序其余部分均采用 Visual Basic6.0 语言编写，经过编译、打包成安装程序以后，可以脱离 Visual Basic 环境而单独运行。FORTRAN 和 Visual Basic 所组成的框架体系为：Visual Basic 构造用户界面，作为主体部分，并调用 FORTRAN 例程（函数过程和子程序过程的统称），用 FORTRAN 例程实施数值计算，如图 3－1 所示。

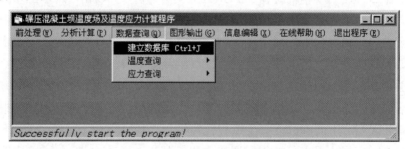

图 3－1　碾压混凝土坝温控仿真计算程序界面

2. 前处理部分

前处理系统包括徐变度参数拟合、初始数据输入、网格显示三个功能模块，主要作用是生成温度场和温度应力场计算所需的计算信息文件以及网格显示和后处理所要的绘图信息文件。前处理模块结构如图 3－2 所示。

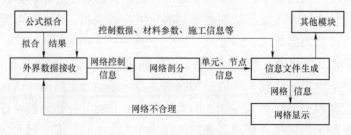

图 3－2　前处理模块结构图

（1）混凝土徐变度参数拟合。混凝土徐变度公式采用形式为

$$C(t,\tau) = (A_1 + B_1\tau^{-C_1})[1-e^{-D_1(t-\tau)}] + (A_2 + B_2\tau^{-C_2})[1-e^{-D_2(t-\tau)}] \tag{3-1}$$

徐变度计算公式中的待定参数根据优化思想，采用复形法，用 FORTRAN 语言编写的计算程序求得后直接输入。徐变度参数拟合界面如图 3-3 所示。

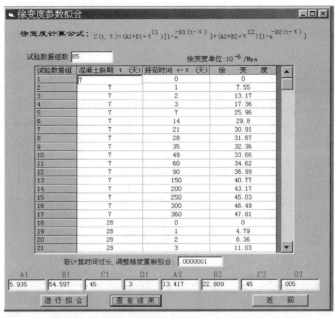

图 3-3　碾压混凝土徐变度参数拟合界面

（2）自生体积变形参数拟合。碾压混凝土自生体积变形计算模型采用动力学模型。模型中参数是根据试验数据来进行拟合的。拟合计算的界面如图 3-4 所示。

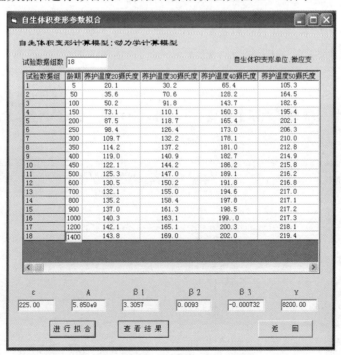

图 3-4　碾压混凝土自生体积变形参数拟合界面

（3）初始数据输入。初始数据输入有两种方式：由界面输入和打开现有数据文件（用在第一次数据输入后，可以存盘以便再次利用，存盘时文件名是由用户定义，并以纯文本格式存放）。输入的数据分为七类：控制数据（如开浇日期、浇筑层厚、横缝间距等）、剖面形状的控制点坐标和划分单元数、网格数据、材料数据（一）、材料数据（二）、施工信息、蓄水信息、准稳定信息，分别由界面的相应选项卡控制。弹性模量公式和水化热公式由 Excel 拟合好后直接输入。初始数据输入界面如图 3-5 所示。

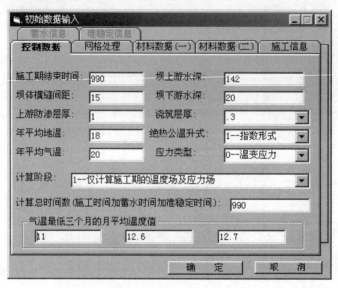

图 3-5　温控仿真初始数据输入界面

（4）网格剖分。网格剖分是前处理模块的关键，也是数据量最大的环节，网格剖分的自动化程度，决定了前处理使用是否方便。

1）剖分规律。从外界接收剖面拐点坐标 (y, z)，根据拐点将模型划分为若干规则区域（六面体区域）。以图 3-6 剖面形状为例说明剖分过程。根据剖面的拐点（A、B、C、D、E、F、G、H、I、J）将模型划分为四个区域：Ⅰ、Ⅱ、Ⅲ、Ⅳ。假定模型的 $X-Z$ 剖面如图 3-7

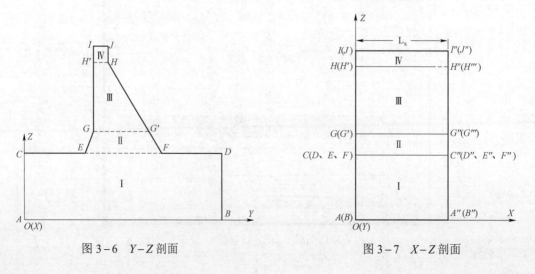

图 3-6　$Y-Z$ 剖面　　　　　　　　　　图 3-7　$X-Z$ 剖面

所示，Ⅰ～Ⅳ六面体区域的节点号分别为：$ABCDA''B''C''D''$、$EFGG'EE''F''G''G'''$、$GG'H'HG''G'''H'''H''$、$H'HIJH''H''I''J''$。

2）节点坐标的生成。首先要确定的是各方向的网格比例，设某单元三个方向的尺寸分别占相应方向总尺寸的比例为：q_x、q_y、q_z。网格剖分中，大部分区域，各方向的网格进行均分，需要网格加密的区域，相邻网格比例成等比数列。

3）单元的节点编码。单个单元的节点编码需遵循一定的规律，如采用图3-8所示的编号规律。

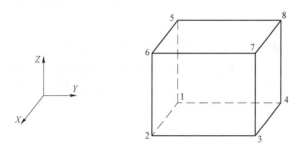

图3-8 单元节点编码规律

（5）材料分区。根据物理参数和热学参数的不同，首先将计算模型分为岩基和坝体两种部分，而坝体内按材料的不同划分为不同的区域，如标号不同的混凝土，常态或碾压混凝土均视为不同的材料。根据坝体断面上的材料分布和坝体断面形状，将不同材料分为一个四边形区域或同一种材料分为几个四边形区域，只要按四边形的局部节点顺序输入坐标，程序即可判断单元的材料，用材料的物理、热学参数进行计算。坝体材料分区如图 3-9 所示。

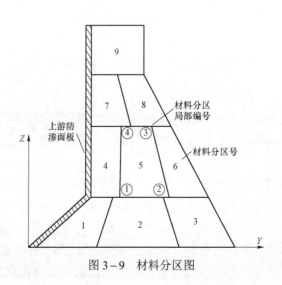

图3-9 材料分区图

（6）信息文件的生成。信息文件包含计算信息文件和绘图信息文件。计算信息文件由四个分支分别将数据传递给计算模块的四个计算分支（稳定温度场计算、非稳定温度场计算、温度应力计算和最大温降应力计算）。绘图信息文件则将数据传递到前处理网格显示模块和后处理的图形输出模块。

（7）网格显示。程序采用自动生成技术，通过界面输入剖面的形状控制点后，由 Visual Basic 子程序根据一定的剖分规律自动生成单元信息（包括单元节点坐标和单元节点整体编号），将单元信息传递给网格显示模块，生成有限元网格。

界面信息和单元信息组成了计算信息文件，程序分别通过四个分支将计算信息文件生成的数据传递给四个相应的计算模块（稳定温度场计算、非稳定温度场计算、温度应力计算、综合应力计算）；同时，单元信息也是后处理所需要的绘图信息文件的重要组成部分。

3. 程序内核部分

程序内核主要包括温度场、应力场的计算程序，其中温度场计算程序包括准稳定温度场和非稳定温度场计算程序，应力场计算程序包括仅由变温引起的温度应力和由变温、自重、水压力、泥沙压力等共同作用引起的综合应力计算程序。互相之间的信息传递如图 3-10 所示。图 3-10 中的数据传递过程均以数据文件的形式实现。

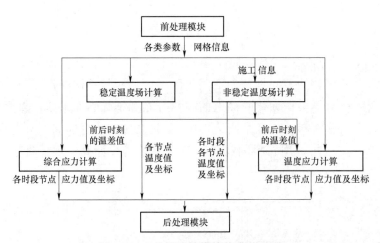

图 3-10　分析计算模块信息传递图

（1）温度场计算程序。温度场计算程序流程图如图 3-11 所示。稳定温度场程序中考虑了三种边界条件以及库水温度沿水深的分布情况；非稳定温度场程序中考虑了三种边界条件、施工期分层浇筑、浇筑层厚、施工间歇、外界气温、不同材料分区、混凝土水化热及水库蓄水过程等因素的影响。

（2）应力场计算程序。应力场计算程序流程图如图 3-12 所示。根据非稳定温度场程序计算的温度值、自生体积变形及时段温差数据，将变温引起的自生体积变形、应变、碾压混凝土徐变应变作为初应变，求出等效节点荷载，根据平衡方程即可求出某一时段温度徐变应力增量，与前一时段末的温度应力叠加，得到施工期、运行期各时段末的温度应力值。若计算综合应力，除了求出温度应力中的等效节点荷载外，还要求出自重、水压力、淤沙压力引起的等效节点荷载，进一步计算某一时段的徐变综合应力增量，与前一时段末的综合应力叠加，就得到施工期、运行期各时段末的综合应力值。

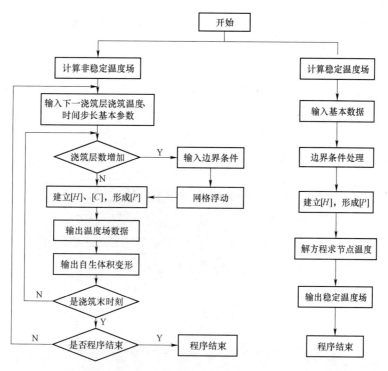

图 3-11 温度场计算程序流程图

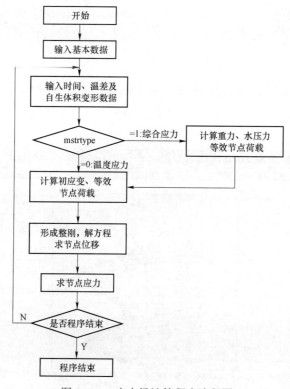

图 3-12 应力场计算程序流程图

4. 后处理部分

后处理系统包括数据查询和图形输出两部分。数据查询有两种方式，一种为单元查询，另一种为坐标查询。单元查询时只要输入要查询的单元编号，与此单元相关的 8 个节点的温度值或应力值都会显示出来（见图 3－13）。坐标查询出的结果为某一个节点的温度或应力值。无论是单元查询还是坐标查询，查询后所显示的信息为整个计算时间过程中的相关信息。为了获取某个时刻的温度或应力值，在查询时可以同时输入要查询的时间，这样会查到同时符合两个条件的结果。

图 3－13　数据查询窗口

输出的图形包括稳定温度场等值线图、非稳定温度场等值线图、非稳定温度场坝中心温度包络线图（见图 3－14）。温度场图的输出采用 Surfer 等值线绘图软件绘制，它具有清

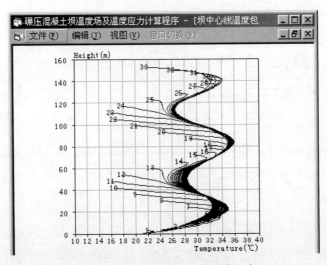

图 3－14　坝中心温度包络线图输出窗口

楚简便实用等优点，尤其是能应用于较复杂断面（如孔洞、厂房等）的处理。其他后处理图形，包括坝体最大最小温度、温度应力最大值沿坝高分布图、坝体不同高程水平截面上典型点温度以及应力随时间变化曲线和坝体不同高程水平截面应力包络线图通过 Excel 来处理得到。

5. 帮助系统设计

由于重力坝温度场、应力场三维有限元程序输入的数据较多，项目繁杂，除了程序界面友好外，提供帮助系统也是必要的。本程序帮助系统采用 Html Help Workshop 开发工具制作，比较详细地介绍了程序的运用环境、输入数据项目的意义，以及所需参数的单位、弹模、绝热温升及自生体积变形等所采用的公式。如图 3-15 所示为材料数据输入说明。

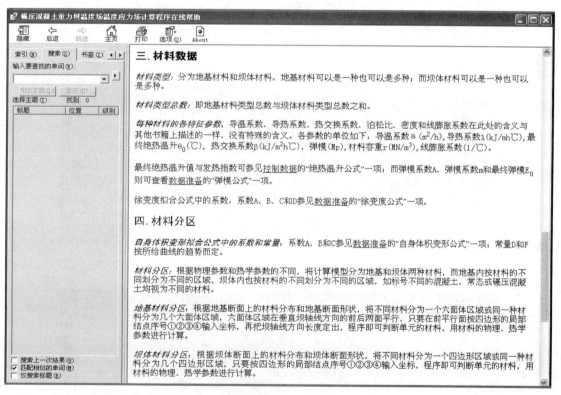

图 3-15　温控计算程序帮助系统窗口

3.1.3　拱坝温控仿真程序

拱坝温控仿真计算程序的总体框架设计与重力坝温控仿真计算程序基本一致，在数据输入时需要将拱坝的体型参数输入，以建立三维有限元模型。图 3-16 所示为拱坝温控仿真计算程序前处理系统界面，图 3-17～图 3-20 所示为新建数据输入界面。

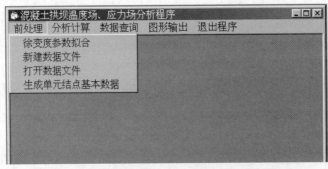

图 3-16 拱坝温控仿真计算程序前处理系统界面

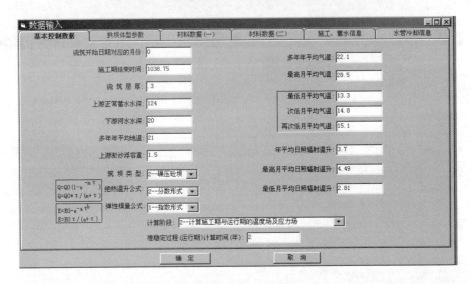

图 3-17 基本控制数据输入界面

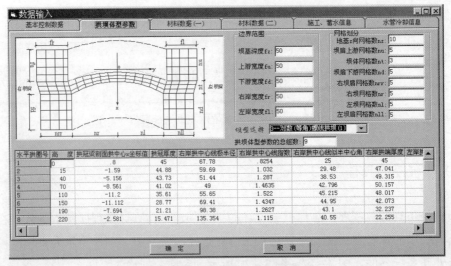

图 3-18 拱坝体型参数输入界面

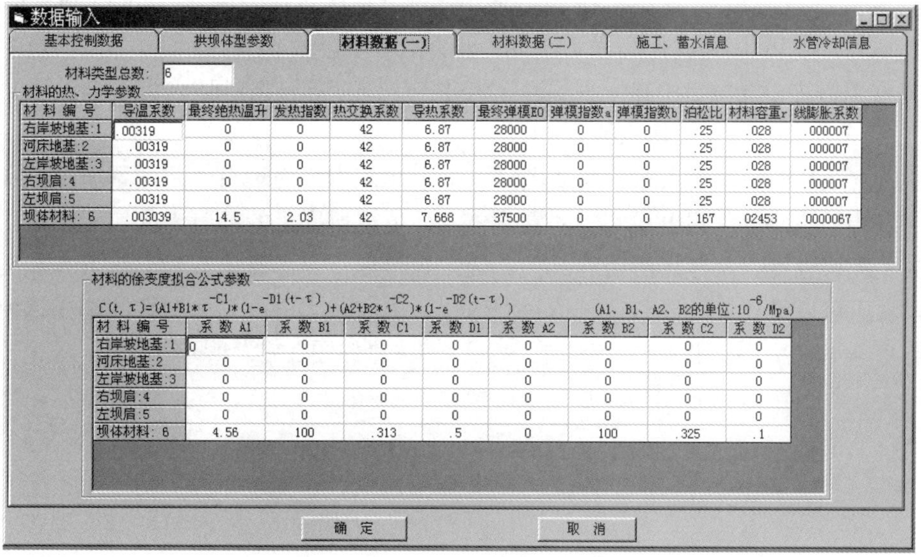

图 3-19 材料参数输入界面

图 3-20 施工及蓄水信息输入界面

3.1.4 程序验证

为了验证温度场程序的正确性，取龙滩水电站下游碾压混凝土围堰进行计算分析。龙滩水电站下游碾压混凝土围堰堰顶高程为 247.5m，中间部分堰顶高程为 242.4m，顶部轴线长度为 273.043m，最大高度为 45.9m。堰体材料除基础垫层为常态混凝土，迎水面及廊道周边采用 0.3m 厚常态混凝土和 0.8m 厚变态混凝土外，其余部位均为碾压混凝土。混凝土开浇时间为 2004 年 2 月 5 日，2004 年 5 月 19 日围堰中间部分达到设计高程 242.4m，2004 年 5 月 28 日整个围堰施工结束，达到设计高程 247.5m。整个围堰不分缝，全断面碾压至堰顶。在 201.0～222.9m 高程范围内，混凝土中掺入 MgO，该部位混凝土的浇筑时间为 2004 年 3 月 11 日至 4 月 19 日。其余部位的混凝土均未掺入 MgO。

围堰最大堰高剖面及测点布置图如图 3-21 所示。围堰内埋有一定数量温度计和应变计以及无应力计，从而可以测出观测点的温度值，而依据所提供的混凝土的实际浇筑温度、浇筑层厚度和浇筑进度以及计算所需的其他参数，也可以计算出碾压混凝土围堰在观测点处的温度值，从而可以将计算结果和实测值进行对比。围堰最大堰高剖面布置的测围堰内温度值的测点有 T_A-1、T_A-3、T_A-5、T_A-7、T_A-8，位置如图 3-21 所示。

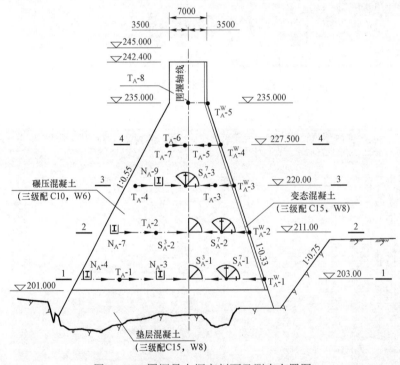

图 3-21　围堰最大堰高剖面及测点布置图

图 3-22～图 3-26 为围堰最大堰高剖面在测点 T_A-1、T_A-3、T_A-5、T_A-7、T_A-8 实测温度历时曲线与计算温度历时曲线的对比。由图可以看出：计算温度与实测温度的历时曲线变化趋势完全吻合。变化趋势均为温度先急剧升高，后缓慢降低。分析原因，对于新浇筑的混凝土，由于水化热作用，其温度首先升高，由于测点均位于围堰内部，因此其侧向散热较小，主要依靠顶面散热，所以，除其自身的水化热温升外，上层新浇筑混凝土对其温升也影响较大，当上层混凝土厚度超过一定厚度时，测点处混凝土的温度升高已不是很明显，而有缓慢下降的趋势，但月下降值都较小。总的影响趋势是：不同部位，其温度受环境影响不同，温升也不相同，测点离围堰表面越近，其温度受外界环境温度的影响越大，测点离围堰

表面越远，其温度受外界环境温度的影响越小。坝体温度下降的总体趋势是：冬季外界气温较低，坝体每月温度降低值相对较大，夏季外界气温较高，坝体每月温度降低值相对较小。总体来说，坝体中心温度的降低幅度较坝体表面小。另外还可以看出，测点处的实测最大温度值与计算的最大值基本接近，最大值误差均小于 5%。

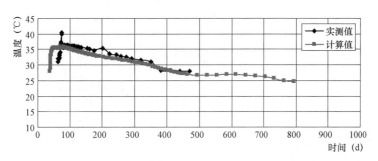

图 3-22 T_A-1 测点温度计算值与实测值对比曲线

碾压混凝土围堰的实测温度与计算温度变化趋势非常吻合，变化规律均符合一般规律，由此即可验证温度场仿真计算程序的正确性。

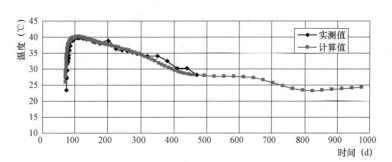

图 3-23 T_A-3 测点温度计算值与实测值对比曲线

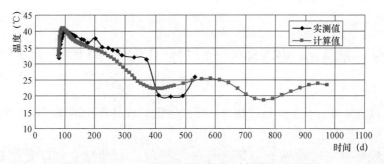

图 3-24 T_A-5 测点温度计算值与实测值对比曲线

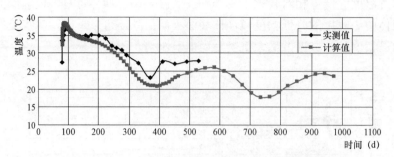

图 3-25 T_A-7 测点温度计算值与实测值对比曲线

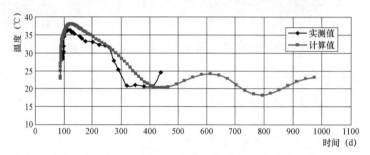

图 3-26 T_A-8 测点温度计算值与实测值对比曲线

对于应力场程序的验证，选取混凝土嵌固板尺寸为 $10m \times 10m \times 0.5m$，弹性模量为 $E = 30.500GPa$，线膨胀系数 $\alpha = 1.0 \times 10^{-5}$，泊松比 $\mu = 0.167$，均匀降温 8℃。计算应力的理论值并与应力场仿真计算程序进行对比（应力以拉为正，压为负）：

嵌固板内温度应力理论解公式为

$$\sigma = \frac{-E \cdot \alpha \cdot \Delta T}{1 - \mu} = \frac{-30\ 500 \times 1.0 \times 10^{-5} \times (-8)}{1 - 0.167} = 2.932 (MPa)$$

应力场仿真计算程序计算结果为：$\sigma = 2.913MPa$。两者之差为 0.65%，由此可验证应力场程序的正确性。

3.2 基于 ANSYS 平台二次开发的温控仿真程序

基于 FORTRAN 语言开发的温控仿真程序经验证已能计算出碾压混凝土坝的温度场与应力场，但也存在一些不足之处：

（1）前处理不直观。在进行有限元计算分析前，必须建立有限元计算模型。采用 FORTRAN 语言编制的混凝土坝温度徐变应力场仿真计算程序一般需借助其他的建模软件作前处理或只能建立抽象模型，无法直观地将模型展示给用户，直接获得单元或节点的信息也较为困难。

（2）后处理不直接。采用 FORTRAN 语言编制的混凝土坝温度徐变应力场仿真计算程序将计算结果数据存储在数据文件中，对计算结果进行分析前还必须将数据进行可视化。但这类程序基本不具备后处理功能，只能借助或调用其他绘图软件，如 Surfer、Tecplot 等。

（3）开发的单元类型有限。FORTRAN 语言编制的凝土坝温度徐变应力场仿真计算程序所开发的单元类型主要为八节点六面体单元或二十节点六面体等参元，且每个单元的节点编码需遵照一定的规律。对于复杂问题如需采用接触单元、壳单元、热管单元等，该类程序只能进行近似处理。

（4）对实体模型和单元的形状要求较高。一般说来，运用自行编制的混凝土坝温度徐变应力场仿真计算程序计算混凝土坝标准剖面坝段较为容易，但坝段内若有体型复杂的孔洞如厂房坝段，则只能对体型进行简化处理。另外，对所剖分的单元要求其重心必须在单元内部，否则程序无法正常运行。

鉴于以上原因，课题组又基于大型商业有限元软件 ANSYS 平台二次开发出了碾压混凝土坝的温控仿真计算程序，该程序在前处理、后处理以及对于体型复杂的建筑物的温控计算等方面具有明显的优势。

3.2.1 ANSYS 软件简介

ANSYS 软件是美国 ANSYS 公司研发的大型通用商业有限元计算软件，早在 1995 年就在设计分析类软件中第一个通过了 ISO9001 质量体系认证。ANSYS 软件集结构、热、流体、磁场、电场、声场等分析于一体，并可进行多物理场的耦合计算分析，已被广泛应用于航空航天、国防军工、核工业、土木工程、水利工程等行业的科研与设计中。ANSYS 软件主要具有以下特点[38]：

（1）完备的前处理功能。ANSYS 软件不仅提供了强大的实体建模及网格剖分工具，可以方便地建立数学模型和有限元模型，而且在单元库中有 200 多种单元类型。用户可以利用 ANSYS 软件的实体建模、网格剖分工具和丰富的单元类型方便而准确地建立反映实际工程结构的有限元计算模型。

（2）强大的求解器。ANSYS 软件提供的分析计算模块包括结构分析、热分析、电磁场分析、流体分析、声场分析等以及多物理场的耦合分析，其分析的类型包括线性分析、非线性分析以及高度非线性分析。另外，ANSYS 软件还可模拟多种介质的相互作用，具有灵敏度分析及优化分析等功能。

（3）方便的后处理器。ANSYS 软件的后处理包括通用后处理模块 POST1 和时间历程后处理模块 POST26 两个部分。通过后处理器可以将计算结果以图表、曲线、动画等形式显示或输出，结果图形显示也可以有多种方式，如彩色云图、等值线图、矢量图、粒子流迹图、立体切片图、历时曲线图等。

（4）良好的开放性：ANSYS 软件除了具有完善的分析功能外，还具有良好的开放性，允许用户在其平台上进行二次开发，并为用户提供了多种进行二次开发的工具，如用户界面设计语言（UIDL）、参数化程序设计语言（APDL）、用户程序特性（UPFs）等。利用这些工具，用户可以根据自己的需要来定制、研发专用程序。

3.2.2 ANSYS 热分析

1. ANSYS 热分析的微分方程

ANSYS 热分析的微分方程是由固体热传导理论推导出来的，可表示为

$$\frac{\partial}{\partial x}\left(K_x\frac{\partial T}{\partial x}\right)+\frac{\partial}{\partial y}\left(K_y\frac{\partial T}{\partial y}\right)+\frac{\partial}{\partial z}\left(K_z\frac{\partial T}{\partial z}\right)+\ddot{q}=\rho c\frac{\partial T}{\partial \tau} \qquad (3-2)$$

式中　K_x、K_y、K_z——材料沿 x、y、z 三个方向的热传导系数，kJ/（m·h·℃）；

　　　　$\ddot{q}$——单位体积的物体在单位时间内的生热量，kJ/（m^2·h）。

假定材料沿 x、y、z 三个方向的热传导系数相同，即 $K_x=K_y=K_z$，则式（3-2）可改写为

$$K\left(\frac{\partial^2 T}{\partial x^2}+\frac{\partial^2 T}{\partial y^2}+\frac{\partial^2 T}{\partial z^2}\right)+\ddot{q}=\rho c\frac{\partial T}{\partial \tau} \qquad (3-3)$$

将式（3-3）与式（2-11）比较，可得

$$a=\frac{K}{\rho c}, \quad \ddot{q}=\rho c\frac{\partial \theta}{\partial \tau} \qquad (3-4)$$

由此可知，ANSYS 热分析的微分方程与混凝土坝温度场的微分方程是相统一的，因此，可用利用 ANSYS 热分析来进行碾压混凝土坝温度场的仿真计算。

2. ANSYS 热分析热传递方式

ANSYS 热分析包括三种热传递方式：热传导、热对流以及热辐射。

（1）热传导。热传导是指热量从一个系统传到另一个系统，或是在一个系统内部因温度梯度而引起的不同部分之间发生内能交换的现象。热传导遵循 Fourier 定律：单位时间内通过某截面的热量，与该截面垂直方向上的温度变化率及截面面积成正比，而传递方向与温度升高的方向相反，可用下式表示

$$q''=-K\frac{\partial T}{\partial x} \qquad (3-5)$$

式中　q''——热流密度，kJ/（m^2·h）；

　　　K——热传导系数，kJ/（m·h·℃）。

（2）热对流。固体表面与其周围接触的流体之间由于温差的存在而引起热量的交换称为热对流。热对流可以分为两类：自然对流和强制对流。热对流遵循 Newton 冷却定律：在单位时间内物体单位表面积与流体交换的热量,同物体表面温度与流体温度之差成正比，可表示为

$$q''=h_f(T_S-T_B) \qquad (3-6)$$

式中 h_f ——对流换热系数，kJ/（m·h·℃）；

     T_S ——固体表面的温度，℃；

     T_B ——固体周围流体表面的温度，℃。

（3）热辐射。物体由于具有温度而发射电磁能，而电磁能被其他物体吸收转化为热量的过程叫热辐射。包含热辐射的热分析是高度非线性分析。

3. ANSYS 热分析类型

ANSYS 热分析包括稳态传热分析和瞬态传热分析两大类。如果流出系统的热量等于系统自身产生的热量与流入系统的热量之和，则认为该系统处于热稳态。稳态热分析中认为任意节点的温度都不受时间的影响，不随时间变化而变化。稳态热分析能量平衡方程的矩阵表示形式为

$$[K]\{T\} = \{Q\} \tag{3-7}$$

式中 $[K]$ ——热传导矩阵，包含导热系数或对流系数或辐射率和形状系数；

     $\{T\}$ ——节点温度列向量；

     $\{Q\}$ ——节点热流率列向量，包含系统自身产生的热量。

ANSYS 软件综合分析材料热学性能参数、所施加的边界条件以及模型几何参数，生成 $[K]$、$\{T\}$ 以及 $\{Q\}$。

瞬态传热也叫非稳态传热，指的是系统的温度场随时间发生变化的传热过程，在此过程中系统温度、热流率、边界条件等均随时间发生变化。按照其过程进行的特点，又可分为周期性传热和非周期性传热两类。根据能量守恒定律，瞬态传热有限元方程的矩阵表达式为

$$[C]\{\dot{T}\} + [K]\{T\} = \{Q\} \tag{3-8}$$

式中 $[K]$ ——热传导矩阵，包含导热系数或对流系数或辐射率和形状系数；

     $[C]$ ——比热矩阵；

     $\{T\}$ ——节点温度列向量；

     $\{\dot{T}\}$ ——节点温度列向量对时间的导数；

     $\{Q\}$ ——节点热流率列向量，包含系统自身产生的热量。

碾压混凝土坝温度场的仿真计算利用的就是 ANSYS 热分析中的瞬态传热分析。

4. ANSYS 热分析单元

在进行热分析时，一般选择 SOLID70 单元对坝体混凝土和坝基岩石进行剖分[38]。SOLID70 单元为八节点六面体单元，如果实体模型形状不规则时，单元可自动退化为五面体或四面体单元。该单元具有三个方向的热传导能力，每个节点仅有一个温度自由度，可以用于三维稳态或瞬态的热分析。除 SOLID70 单元外，也可以选择 SOLID90 六面体二十节点等单元。

SOLID70 单元具有单元"生死"（"杀死""出生"）高级功能，可真实模拟混凝土的浇筑过程。所谓"杀死单元"，并不是将"杀死"的单元从模型中删除，而是将其刚度（或其他分析特性）矩阵乘以一个很小的因子（默认值为 1.0×10^{-6}）。死单元的单元载荷为 0，从而不对

载荷向量生效。同样，"出生单元"并不是将其加到模型中，而是将其重新激活。

在进行混凝土坝温度场仿真计算分析时，首先建立完整的混凝土坝和坝基岩石的三维有限元模型，然后将混凝土单元全部杀死，再依据混凝土实际的浇筑进度计划，采用 DO 循环语句分别激活当前所浇筑混凝土单元，并施加各层混凝土水化热和对流边界条件，以实现混凝土浇筑过程的模拟。

5. ANSYS 热－结构耦合分析

碾压混凝土重力坝温度场与温度徐变应力场仿真计算分析问题属于热－结构耦合问题，ANSYS 后台一般采用序贯耦合法求解这类耦合问题，即通过热分析得到的节点温度，继而将其作为外荷载施加在后序的结构应力分析中，实现热－结构耦合场的求解。

具体计算分析时，首先利用 ANSYS 软件建立坝体混凝土和坝基岩石的整体模型，采用 SOLID70 单元剖分后，计算坝体混凝土施工期及运行期的温度场，并将计算结果保存在 RTH 文件中，然后将温度场计算模型中的热分析单元转化成结构分析单元。ANSYS 软件提供了热－结构单元之间的相互转化功能，可方便地将 SOLID70 热分析单元转化为 SOLID45 结构应力分析单元。将温度场计算结果文件作为应力计算分析的外荷载，只要将荷载步统一起来，就可实现温度场与温度徐变应力场的耦合计算。

3.2.3 基于 ANSYS 平台的混凝土坝温度应力场计算程序开发

由以上对 ANSYS 热分析模块的分析以及 ANSYS 软件所具有的良好开放性，利用其参数化设计语言（ANSYS Parametric Design Language，APDL），编制出计算碾压混凝土重力坝温度场与温度徐变应力场的仿真计算程序。碾压混凝土重力坝温度场与温度徐变应力场计算包括以下具体步骤：

（1）根据实际工程资料，在 ANSYS 中建立坝体混凝土和坝基岩石实体模型。

（2）根据坝体混凝土施工进度剖分实体模型，保证每个浇筑层有独立的单元且不少于两层；计算温度场时采用 SOLID70 单元划分网格，划分完后对所有浇筑层创建组件并给定编码，以被程序识别。

（3）建立温度场计算有限元模型后，将所有混凝土单元全部杀死，然后按照施工进度逐层激活，并施加浇筑温度、材料参数、边界条件以及水化热温升，计算出施工期混凝土的温度场。混凝土浇筑的间歇期内，不激活混凝土单元的情况下在已经激活的混凝土单元上施加边界条件、水化热温升，以实现混凝土温度场计算的连续性。

（4）混凝土浇筑完后，计算其运行期的温度场，直至混凝土温度趋于稳定温度场的计算末时刻为止。温度场计算结果保存于 RTH 文件中。

（5）将温度场有限元计算模型转化为结构应力场有限元计算模型，定义每种材料每个荷载步的力学性能参数（包括弹性模量、徐变等）。

（6）应力场计算时与温度场计算步骤基本相同。首先将温度场计算的有限元模型转化成结构应力计算模型，再将混凝土单元全部杀死，然后按照施工进度逐层激活，不同计算时刻选择与之对应的混凝土材料力学参数，考虑混凝土的自生体积变形，并将同时刻的温度场计算结果作为应力分析的外荷载施加到结构上，计算出温度应力。

（7）同理，可计算出施工期直至运行期计算末时刻混凝土温度徐变应力场。

由以上计算步骤，即可得到碾压混凝土重力坝施工期和运行期全过程温度场与温度徐变应力场的分布，实现温度场与温度徐变应力场的仿真计算。

碾压混凝土重力坝温度场仿真计算程序流程图与温度徐变应力场的仿真计算程序流程图分别如图 3-27、图 3-28 所示。

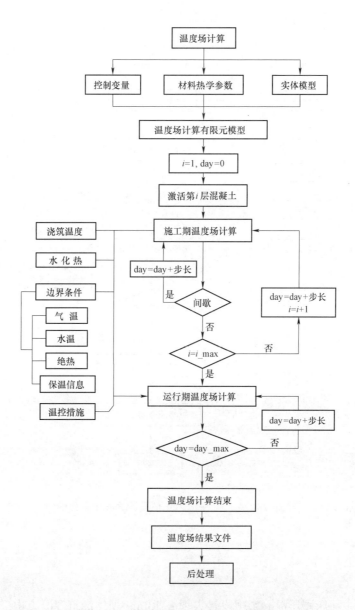

图 3-27 温度场仿真计算程序流程图

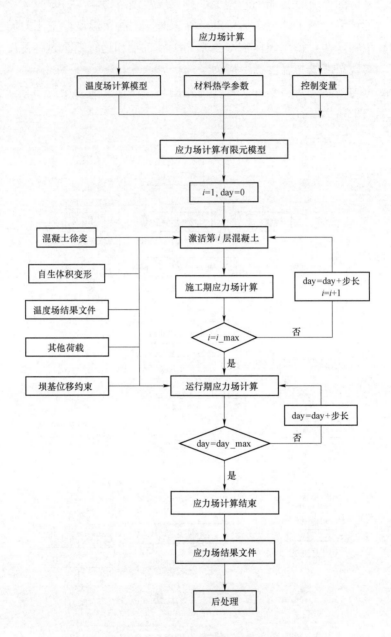

图 3-28 温度徐变应力场仿真计算程序流程图

3.2.4 程序验证

某水利工程主河床碾压混凝土坝段最大坝高 130m,坝体浇筑混凝土由二级配和三级配碾压混凝土组成。计算模型如图 3-29 所示,坝基的计算范围为沿深度方向和上、下游方向各延伸 130m。整体模型中坐标原点在左侧坝踵处,沿坝轴线方向为 X 方向,指向右岸为正;

沿水流方向为 Y 方向，指向下游为正；铅直方向为 Z 方向，向上为正。

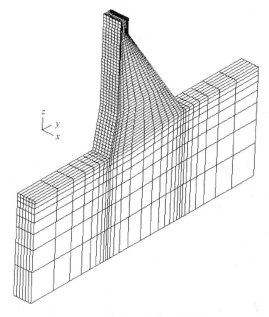

图 3-29　坝体有限元计算网格图

依据实际施工进度、浇筑温度、材料分区、表面散热条件及水库的实际蓄水过程，应用 ANSYS 对该碾压混凝土坝的温度场进行了仿真计算。计算的时间步长为施工期每 0.25d 计算 1 次，运行期 0.5～30d 的变步长。

图 3-30 所示为坝体部分温度计埋设点的位置示意图。下面分别将坝体表面和坝体中心点的温度计算结果与实测数据进行对比分析。

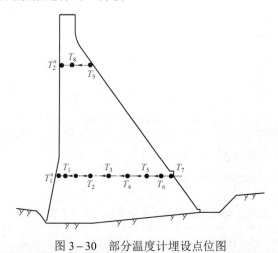

图 3-30　部分温度计埋设点位图

图 3-31 给出了埋设于坝体上游面且距建基面 29.0m 的 T_1^S 测点温度实测值和仿真计算值随时间的变化过程。坝体混凝土表面点温度一般经历三个阶段，即初始由于水化热作用的温升，然后向外界散热而使得温度降低，最后温度随外界温度以年为周期呈规律变化。T_1^S 测点

实测值与仿真计算值均符合该规律，且两者吻合很好，温度实测最大值为 30.6℃，计算最大值为 29.3℃，两者相差 1.3℃，相对差为 4.25%。

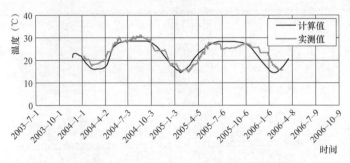

图 3－31　T_1^S 测点的温度历时曲线

图 3－32 给出了埋设于坝体中心且距建基面 29.0m 的 T_3 测点温度实测值和仿真计算值随时间的变化过程。混凝土浇筑后由于水化热的作用，其温度开始升高，而碾压混凝土中掺有大量粉煤灰，使得其发热速度较慢，浇筑后约 2 个月温度达到最高值，随后混凝土温度开始下降，T_3 测点处于坝体混凝土中心，向外界散热的条件较差，因此温度下降很缓慢。由图 3－32 可以看出：T_3 测点温度实测值与计算值随时间的变化规律基本相同，温度实测最大值为 37.6℃，计算最大值为 36.2℃，两者相差 1.4℃，相对差为 3.72%。

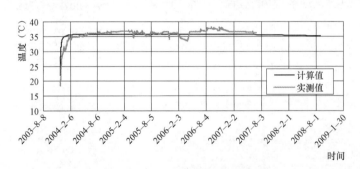

图 3－32　T_3 测点的温度历时曲线

表 3－1 给出了各测点的温度实测值和计算值。实测值与计算值变化规律基本相同，温度相差最大为 1.8℃，相对差在 ±5.00% 以内，说明 ANSYS 二次开发程序可以对混凝土坝的温度场进行仿真计算分析，与实测值相比较精度较高。

表 3－1　　　　　　　　　温度计埋设点温度实测最大值与计算最大值对照表

点号	温度最高值（℃）		差值	
	实测值	计算值	温度差（℃）	相对差（%）
T_1^S	30.6	29.3	1.3	4.25
T_1	38.1	36.6	1.5	3.94

点号	温度最高值（℃）		差值	
	实测值	计算值	温度差（℃）	相对差（%）
T_2	37.1	36.0	1.1	2.96
T_3	37.6	36.2	1.4	3.72
T_4	37.6	36.4	1.2	3.19
T_5	37.6	36.0	1.6	4.26
T_6	33.1	34.2	−1.1	−3.32
T_7	32.1	33.3	−1.2	−3.74
T_2^S	37.1	35.9	1.2	3.23
T_8	37.8	36.7	1.1	2.91
T_9	37.9	36.1	1.8	4.75

对于应力场的验证，选取某混凝土浇筑块尺寸为 5m×5m×6m，混凝土的导热系数 $\lambda=9.9$kJ/（m·h·℃），导温系数 $a=0.005$m²/h，绝热温升计算公式为 $\theta=26$（$1-e^{-0.24\tau}$）。弹性模量随时间的变化公式为 $E=E_0$（$1-e^{-0.14\tau}$），$E_0=27$GPa，线膨胀系数 $\alpha=1.0\times10^{-5}$，泊松比 $\mu=0.167$。计算浇筑块中心温度应力的理论值并与应力场仿真计算程序进行对比如下（应力以拉为正，压为负）：

温度应力的理论公式为

$$\sigma=-\frac{\alpha}{1-\mu}E(\tau)\theta(\tau)$$
$$=-\frac{0.000\,01}{1-0.167}\times27\,000\times(1-e^{-0.14\tau})\times26\times(1-e^{-0.24\tau})$$
$$=9.27\times(1-e^{-0.14\tau})\times(1-e^{-0.24\tau})$$

图 3−33 所示为理论计算与本程序计算对比结果，可看出二者误差较小，从而验证了应力场计算程序的正确性。

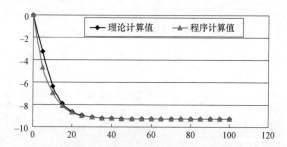

图 3−33　浇筑块中心的温度应力理论值与仿真计算值对比

4 严寒地区碾压混凝土重力坝非溢流坝段温控仿真研究

4.1 工 程 概 况

某水利枢纽工程坝址区气候条件见表 4-1，其最冷月平均气温低于 -10.0℃，属于严寒地区。挡水坝段全断面采用碾压混凝土浇筑，最大坝高 121.5m，底宽 98.5m，坝段宽度 15.0m。大坝上游面 672.0m 高程以上为铅直面，672.0m 高程以下坝坡 1:0.15，下游坝坡 1:0.75。大坝典型横剖面图如图 4-1 所示。

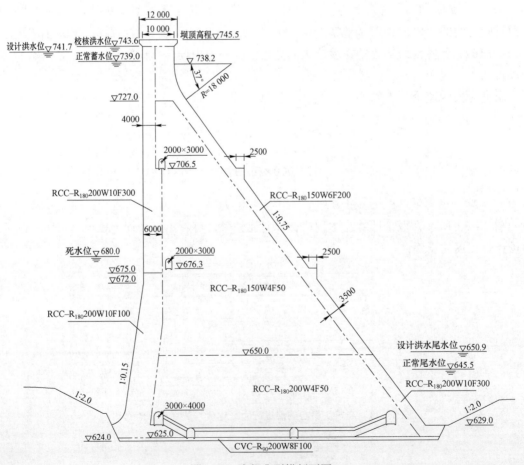

图 4-1　大坝典型横剖面图

大坝基础垫层混凝土为 $R_{90}200W8F100$ 常态混凝土；大坝上游面防渗体在死水位以下采用 6.0m 厚的 $R_{180}200W10F100$ 二级配碾压混凝土，死水位至 706.5m 高程、706.5m 高程以上及大坝下游面水位变动区分别采用厚度为 6.0m、4.0m 和 3.5m 的 $R_{180}200W10F300$ 二级配碾压混凝土；大坝下游面水位变动区以上采用 $R_{180}150W6F200$ 三级配碾压混凝土；大坝中部 650.0m 高程以下采用 $R_{180}200W4F50$ 三级配碾压混凝土，650.0m 高程以上采用 $R_{180}150W4F50$ 三级配碾压混凝土。

大坝混凝土及基岩热力学参数见表 4-2。大坝混凝土徐变度采用八参数的拟合公式进行拟合，具体数据见表 4-3。表 4-4 为坝址区水文站水温统计表；表 4-5 为水库多年平均坝前水位表；表 4-6 为坝址区气温骤降特征表；表 4-7 坝址区典型寒潮降温过程；表 4-8 为施工期坝体挡水水位；表 4-9 为碾压混凝土自生体积变形试验成果；表 4-10 为大坝混凝土施工中所采用的冷却水管特性表。

表 4-1　　　　　　　　　　坝址气温、水温要素表　　　　　　　　　　单位：℃

项目	月份	1	2	3	4	5	6	7	8	9	10	11	12	全年
多年平均气温	逐月	−20.6	−17.6	−6.7	7.2	14.9	20.3	22.0	20.0	13.7	5.1	−6.8	−17.5	4.6
	上旬	−19.8	−19.0	−12.5	3.5	12.9	18.8	21.8	21.1	15.7	8.2	−1.8	−15.0	2.8
	中旬	−20.4	−17.7	−7.6	8.0	14.9	20.6	22.4	20.8	14.1	5.3	−6.6	−17.4	3.0
	下旬	−21.5	−15.8	−0.5	10.0	16.8	21.5	21.7	18.3	11.2	2.2	−12.0	−19.9	2.9
累年各月平均最高气温		−7.2	−0.7	11.5	22.0	26.0	30.7	31.8	31.5	25.7	19.1	7.2	−1.8	13.1
累年各月平均最低气温		−35.7	−37.9	−21.1	−5.2	3.3	9.6	11.3	8.7	2.3	−4.7	−19.0	−32.2	−7.2
多年平均逐月最高气温		−12.2	−8.1	1.2	14.6	22.8	27.9	29.3	28.2	22.2	13.1	0.6	−10.0	10.8
多年平均逐月最低气温		−26.3	−24.2	−13.1	0.4	7.1	12.4	14.5	12.1	6.0	−1.2	−11.9	−22.8	−3.9
累年各月极端最高气温		5.1	7.7	24.5	31.0	34.7	39.2	42.2	38.7	35.2	28.4	18.0	10.0	42.2
累年各月极端最低气温		−49.8	−46.5	−40.7	−17.7	−5.9	−0.3	4.7	0.6	−6.0	−19.3	−41.8	−47.5	−49.8
多年平均逐月日较差		14.1	16.2	14.2	14.2	15.7	15.5	14.8	16.0	16.2	14.4	12.5	12.8	14.7
多年平均逐月地面温度		−20.8	−14.4	−3.3	11.2	20.9	27.0	28.4	25.6	17.0	6.4	−5.5	−17	6.3
多年平均逐月最高地温		−7.3	−1.2	8.6	29.6	42.7	50.6	51.1	48.7	38.6	24.0	5.1	−6.6	23.7
多年平均逐月最低地温		−37.5	−28.0	−14.9	−1.9	4.0	9.5	11.7	9.0	2.6	−4.4	−15.4	−26.8	−7.1
多年平均河水温度					4.7	10.2	14.0	17.7	17.6	12.8	5.7			

表 4-2　　　　　　　　　　　大坝混凝土及基岩热力学参数指标表

混凝土	导热系数 [kJ/(m·h·℃)]	导温系数 (m²/h)	线膨胀系数 (10⁻⁶/℃)	放热系数 [kJ/(m²·h·℃)]	容重 (kN/m³)	混凝土绝热温升表达式 (℃)	泊松比	混凝土弹性模量表达式 (MPa)
RCC-R₁₈₀200W10F300	10.105	0.005	8.6	67.0	24.37	$T_\tau = \dfrac{22.47\tau}{(1.15+\tau)}$	0.167	$E = \dfrac{30\,500\tau}{(5.08+\tau)}$
RCC-R₁₈₀200W10F100	10.105	0.005	8.6	67.0	24.37	$T_\tau = \dfrac{22.47\tau}{(1.15+\tau)}$	0.167	$E = \dfrac{30\,500\tau}{(5.08+\tau)}$
RCC-R₁₈₀150W4F50	10.223	0.005	8.6	67.0	24.10	$T_\tau = \dfrac{15.96\tau}{(1.15+\tau)}$	0.167	$E = \dfrac{30\,300\tau}{(4.08+\tau)}$
RCC-R₁₈₀150W6F200	10.223	0.005	8.6	67.0	24.10	$T_\tau = \dfrac{20.22\tau}{(1.15+\tau)}$	0.167	$E = \dfrac{30\,300\tau}{(4.08+\tau)}$
RCC-R₁₈₀200W4F50	10.105	0.005	8.6	67.0	24.37	$T_\tau = \dfrac{16.36\tau}{(1.15+\tau)}$	0.167	$E = \dfrac{30\,500\tau}{(5.08+\tau)}$
基础垫层常态混凝土 R₉₀200W8F100	9.820	0.004 6	8.6	67.0	24.20	$T_\tau = \dfrac{30.18\tau}{(1.15+\tau)}$	0.167	$E = \dfrac{34\,500\tau}{(10.2+\tau)}$
基岩	6.87	0.003 19	7.0	67.0	26.66	0	0.20	$E = 20\,300$

大坝混凝土徐变度 C 近似按下列公式计算：$C(t,\tau) = (A_1 + B_1\tau^{-C_1})[1 - e^{-D_1(t-\tau)}] + (A_2 + B_2\tau^{-C_2})[1 - e^{-D_2(t-\tau)}]$，其中：$A_1$、$B_1$、$C_1$、$D_1$、$A_2$、$B_2$、$C_2$、$D_2$ 为材料徐变特性参数，采用值见表 4-3。

表 4-3　　　　　　　　　材料徐变特性参数表

混凝土	A_1	B_1	C_1	D_1	A_2	B_2	C_2	D_2
RCC-R₁₈₀150W4F50、RCC-R₁₈₀150W6F200	4.56	100	0.31	0.5	0	100	0.33	0.1
RCC-R₁₈₀200W10F300、RCC-R₁₈₀200W4F50 RCC-R₁₈₀200W10F100	0.06	100	0.5	0.5	0	99.84	0.45	0.075
基础垫层常态混凝土 R90200W8F100	5.94	54.60	0.45	0.3	13.42	22.81	0.45	0.005

表 4-4　　　　　　　　水 文 站 水 温 统 计 表

月份	平均水温（℃）	最高水温（℃）	发生时间	最低（℃）	发生时间
4	3.1	12.3	1997 年 4 月 29 日	0	1986 年 4 月 1 日
5	9.4	19.8	1997 年 5 月 31 日	4.5	1989 年 5 月 1 日
6	13.9	23.7	1997 年 6 月 25 日	7.9	1987 年 6 月 5 日
7	17.3	24.8	1998 年 7 月 9 日	11.9	1988 年 7 月 7 日
8	17.2	25.0	1998 年 8 月 29 日	8.2	1986 年 8 月 27 日

续表

月份	平均水温（℃）	最高水温（℃）	发生时间	最低（℃）	发生时间
9	12.3	21.6	1995年9月9日	4.2	1998年9月16日
10	5.0	13.2	1987年10月3日	0	1986年10月27日

表4-5　　　　　　　　　　　水库多年平均坝前水位表

月份	1	2	3	4	5	6	7	8	9	10	11	12
水位（m）	726.82	726.77	726.62	724.91	728.79	734.12	732.76	730.17	728.12	726.47	726.97	726.98

表4-6　　　　　　　　　　　气温骤降特征表

月　份	1	2	3	4	5	6	7	8	9	10	11	12	全年
统计年数（年）	43	43	43	43	43	43	43	43	43	43	43	43	43
骤降总次数（次）	121	104	97	102	86	81	63	96	104	115	112	123	1204
平均年出现次数（次）	2.81	2.42	2.26	2.37	2.00	1.88	1.47	2.23	2.42	2.67	2.60	2.86	28
占全年百分数（%）	10.05	8.64	8.06	8.47	7.14	6.73	5.23	7.97	8.64	9.55	9.30	10.22	100
一次最大骤降值（℃）	-30.7	-30.2	-22.7	-18.7	-16	-12.8	-16.4	-17.2	-17.1	-22	-35.5	-36.1	-36.1
相应骤降历时（天）	3	5	3	2	6	4	6	3	6	4	2	3	3
年内各月气温骤降最多次数（次）	5	4	4	4	4	3	3	4	4	5	5	4	34
气温骤降幅度（℃）	-13.66	-14.03	-10.96	-10.32	-9.86	-8.76	-8.71	-9.38	-10.27	-11.87	-14.64	-14.72	-11.43

表4-7　　　　　　　　　　　典型寒潮降温过程

序号	各日平均气温（℃）						发生日期
	第一日	第二日	第三日	第四日	第五日	第六日	
H1	-7.5	-28.1	-40.7	-43.6			1966年12月16日至12月19日
H2	-2.7	-25.0	-38.2				1987年11月23日至11月25日
H3	-10.0	-12.9	-13.7	-34.9	-41.4		1976年12月20日至12月24日
H4	-12.1	-23.6	-37.0	-42.8			1969年01月23日至01月26日
H5	-7.3	-13.5	-31.2	-17.1	-22.1	-37.5	1974年02月16日至02月21日
H6	-1.4	-8.6	-28.8	-30.2			1984年11月30日至12月03日
H7	5.6	-9.0	-14.4	-20.3	-23.7		1993年11月11日至11月15日
H8	0.8	-5.6	-21.1	-27.2			1990年11月25日至11月28日

表4-8　　　　　　　　　施工期坝体挡水水位

时段	坝体挡水水位（m）	下游水位（m）	备注
第一年至第二年9月	0	0	上下游围堰挡水
第二年9月至第三年3月	668.5	645.01	枯期二十年一遇
第三年4月至完工	707.84	647.68	百年一遇

表4-9　　　　　　　　　碾压混凝土自生体积变形试验成果

龄期（天）	自生体积变形 $G(t) \times 10^{-6}$		龄期（天）	自生体积变形 $G(t) \times 10^{-6}$	
	上游坝面 $R_{180}200W10F300$	内部 $R_{180}150W4F50$		上游坝面 $R_{180}200W10F300$	内部 $R_{180}150W4F50$
1	−6.69	−4.59	44	−16.84	−5.99（46d）
2	−12.17	−1.46	48	—	−7.09（62d）
4	−7.01	−3.48	55	−16.55（51d）	—
6	−12.3	−6.76	58	−17.74（73d）	—
8	−14.19	−6.09	76	—	—
10	—	−5.17	80	—	−8.80
12	—	−4.36	88	—	—
15	—	—	94	−15.58	—
17	—	—	101	−17.15	−10.00
19	−15.26	−5.02	108	—	−10.90
23	—	—	122	−18.80	−11.49
25	−12.47	−5.8	138	—	—
30	−13.10	−7.05（41d）	150	−19.08（142d）	−14.00

表4-10　　　　　　　　冷 却 水 管 特 性 表

材料	管外径	管内径	每卷长	导热系数	拉伸屈服应力
高强度聚乙烯管	32mm	30mm	200m	1.67kJ/（m·h·℃）	≥20MPa

4.2　水库水温分析

水库蓄水后，水温分布与入库水温、水库水位、气象资料以及坝体泄水情况等有关。据

文献［10］，任意深度的水温变化可表示为

$$T(y,\tau)=T_c(y)+A(y)\cos[\pi/6\times(\tau-\tau_0-\varepsilon)] \tag{4-1}$$

式中　$T(y,\tau)$——时间为τ，水深为y处的水温，℃；

$\qquad T_c(y)$——水深为y处的年平均水温，℃；

$\qquad A(y)$——水深为y处的水温年变幅，℃；

$\qquad \tau_0$——年气温最高时间；

$\qquad \varepsilon$——相位差，月。

根据坝址区水温实测资料和水库水温的分布特点，求得不同深度水温随时间的变化过程，如图4-2所示。

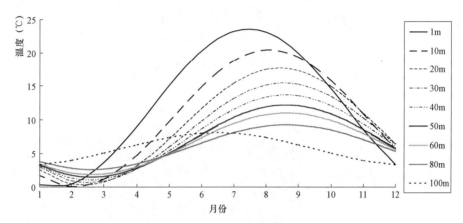

图4-2　水库水温沿高程各月分布图

4.3　温控计算模型

大坝混凝土温度场与应力场仿真计算时，取两个横缝之间的整个坝段为研究对象，即沿坝轴线方向坝段宽度为15.0m。坝体混凝土温度对地基的温度影响深度一般不超过30.0m，兼顾考虑计算时间以及计算规模，取坝基基岩范围为沿地基深度方向、坝踵上游以及坝趾下游各取130m。

计算模型整体坐标系的坐标原点设在左岸横缝坝踵处，指向右岸方向为X轴正方向；水流方向为Y轴方向，指向下游为正；铅直方向为Z轴方向，向上为正。计算模型如图4-3、图4-4所示。

大坝温度场仿真计算时，基岩底面和四个侧面为绝热边界，顶面在坝体上、下游无水时为固-气边界，按第三类边界条件处理，有水时为固-水边界，按第一类边界条件处理。施工过程中，坝体上、下游面和混凝土顶面为热交换边界。水库蓄水后，坝体上、下游面在水位以上为固-气边界，按第三类边界条件处理，水位以下为固-水边界，按第一类边界条件处理。应力场计算时，基岩底面施加固端约束，水流方向上下游侧面施加Y向简支约束，坝轴线方向左右侧面施加X向简支约束，其余均为自由边界。

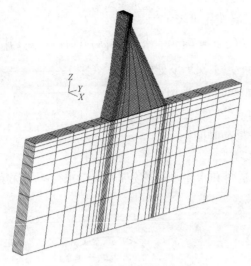

图 4-3 整体计算模型及坐标系

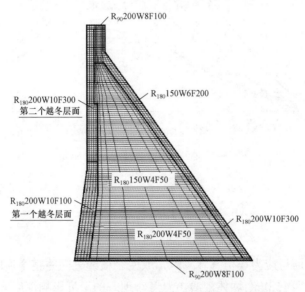

图 4-4 坝体计算模型及混凝土材料分区

4.4 无温控措施计算成果及分析

4.4.1 计算方案

大坝混凝土施工进度及浇筑温度见表 4-11，其中第一年 11 月 1 日至第二年年 3 月 31 日和第二年 11 月 1 日至第三年 3 月 31 日由于外界气温太低而不适宜浇筑混凝土，因此 645.0m 高程和 699.0m 高程为越冬层面。混凝土浇筑温度按多年平均气温取至旬气温，施工过程中未采取任何温控措施。

表 4-11　　　　　　　　　　　　　　大坝混凝土浇筑进程

序号	浇筑开始时间	浇筑底高程（m）	浇筑顶高程（m）	浇筑高差（m）	浇筑温度（℃）
1	第一年 4 月 1 日	624.0	625.0	1.0	3.5
2	第一年 8 月 1 日	625.0	628.0	3.0	21.1
3	第一年 8 月 15 日	628.0	631.0	3.0	20.8
4	第一年 8 月 29 日	631.0	634.0	3.0	18.3
5	第一年 9 月 13 日	634.0	637.0	3.0	14.1
6	第一年 9 月 27 日	637.0	640.0	3.0	11.2
7	第一年 10 月 11 日	640.0	643.0	3.0	5.3
8	第一年 10 月 25 日	643.0	645.0	2.0	2.2
9	第一年 11 月 1 日至第二年 3 月 31 日越冬停浇				
10	第二年 4 月 1 日	645.0	648.0	3.0	3.5
11	第二年 4 月 13 日	648.0	651.0	3.0	8.0
12	第二年 4 月 25 日	651.0	654.0	3.0	10.0
13	第二年 5 月 7 日	654.0	657.0	3.0	12.9
14	第二年 5 月 19 日	657.0	660.0	3.0	14.9
15	第二年 6 月 1 日	660.0	663.0	3.0	18.8
16	第二年 6 月 13 日	663.0	666.0	3.0	20.6
17	第二年 6 月 25 日	666.0	669.0	3.0	21.5
18	第二年 7 月 7 日	669.0	672.0	3.0	21.8
19	第二年 7 月 19 日	672.0	675.0	3.0	22.4
20	第二年 8 月 1 日	675.0	678.0	3.0	21.1
21	第二年 8 月 13 日	678.0	681.0	3.0	20.8
22	第二年 8 月 25 日	681.0	684.0	3.0	18.3
23	第二年 9 月 7 日	684.0	687.0	3.0	15.7
24	第二年 9 月 19 日	687.0	690.0	3.0	14.1
25	第二年 10 月 1 日	690.0	693.0	3.0	8.2
26	第二年 10 月 13 日	693.0	696.0	3.0	5.3
27	第二年 10 月 25 日	696.0	699.0	3.0	2.2
28	第二年 11 月 1 日至第三年 3 月 31 日越冬停浇				
29	第三年 4 月 1 日	699.0	702.0	3.0	3.5
30	第三年 4 月 16 日	702.0	705.0	3.0	8.0
31	第三年 5 月 1 日	705.0	708.0	3.0	12.9
32	第三年 5 月 16 日	708.0	711.0	3.0	14.9
33	第三年 6 月 1 日	711.0	714.0	3.0	18.8

续表

序号	浇筑开始时间	浇筑底高程（m）	浇筑顶高程（m）	浇筑高差（m）	浇筑温度（℃）
34	第三年 6 月 11 日	714.0	717.0	3.0	20.6
35	第三年 6 月 21 日	717.0	720.0	3.0	21.5
36	第三年 7 月 1 日	720.0	723.0	3.0	21.8
37	第三年 7 月 11 日	723.0	726.0	3.0	22.4
38	第三年 7 月 21 日	726.0	729.0	3.0	21.7
39	第三年 8 月 1 日	729.0	732.0	3.0	21.1
40	第三年 8 月 11 日	732.0	735.0	3.0	20.8
41	第三年 8 月 21 日	735.0	738.0	3.0	18.3
42	第三年 9 月 1 日	738.0	741.0	3.0	15.7
43	第三年 9 月 11 日	741.0	743.5	2.5	14.1
44	第三年 9 月 21 日	743.5	745.5	2.0	11.2

4.4.2　稳定温度场仿真计算

根据水库上、下游正常水位及水温分布以及坝址年平均气温，与空气接触的坝面的环境温度取为年平均气温，与水接触的坝面的温度随水深而变化，取为不同水深的年平均水温。计算得主河床挡水坝段坝体稳定温度场如图 4—5 所示。稳定温度场计算结果符合一般规律。

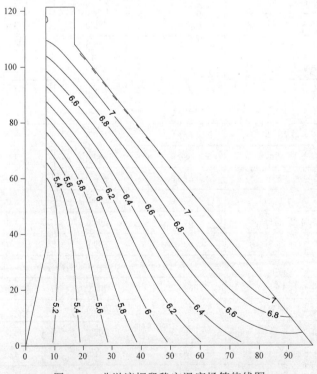

图 4—5　非溢流坝段稳定温度场等值线图

4.4.3 温度场计算成果及分析

根据大坝混凝土施工进度、混凝土分区、混凝土热学参数以及水库蓄水过程等基本资料，运用 ANSYS 参数化设计语言编制了碾压混凝土重力坝温度场仿真计算程序。图 4-6～图 4-11 为坝体施工期不同时刻温度场等值线图，图 4-12～图 4-17 为坝体运行期不同时刻温度场等值线图，图 4-18、图 4-19 为坝体施工期和运行期最高、最低温度历时曲线图。

由温度场计算成果可知：

（1）由图 4-6～图 4-9 可以看出，新浇筑的混凝土中靠近坝体上、下游面的温度较相同高程中间部位混凝土的温度高，主要原因是大坝上、下游面防渗体为二级配碾压混凝土，水泥用量较坝体中部的三级配碾压混凝土用量多，绝热温升值相对较高所致。

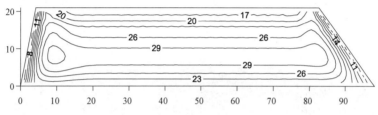

图 4-6　中横剖面施工期 7 月末（第一年 11 月 1 日）温度等值线图

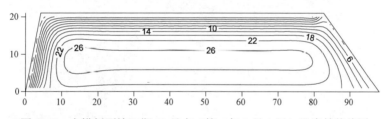

图 4-7　中横剖面施工期 10 月末（第二年 2 月 1 日）温度等值线图

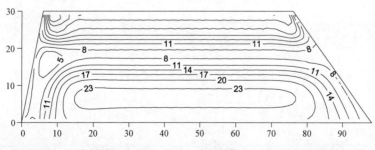

图 4-8　中横剖面施工期 13 月末（第二年 5 月 1 日）温度等值线图

（2）水库蓄水前，坝体混凝土温度主要受气温的影响，且表面混凝土受气温影响较大，而内部混凝土受气温影响较小，因此坝体表面混凝土温度梯度大。

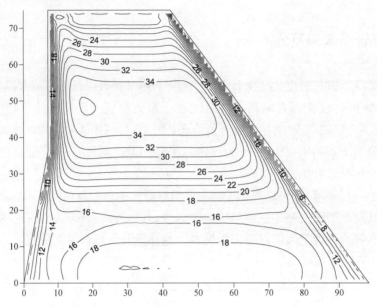

图 4-9　中横剖面施工期 19 月末（第二年 11 月 1 日）温度等值线图

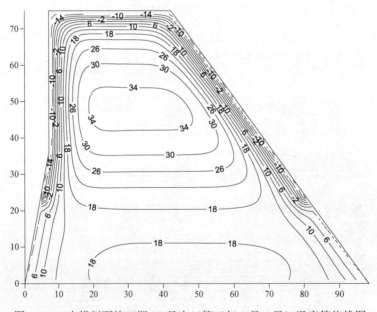

图 4-10　中横剖面施工期 22 月末（第三年 2 月 1 日）温度等值线图

（3）由图 4-12 可以看出，坝体混凝土施工完成后，其中横剖面温度场沿坝高方向出现了两个高温区，高温区中心高程分别为 672.0m 和 724.0m。由坝体混凝土浇筑进程表 4-11 可知，高温区混凝土的浇筑时间为 6—8 月份，浇筑温度相对较高，且浇筑时气温较高，散热条件差，因此温度较高。

（4）由图 4-8～图 4-11 可以看出，坝体混凝土施工过程中出现了两个低温区，低温区中心高程分别为 645.0m 和 699.0m，与坝体混凝土施工进程中的两个越冬层面高程相对应。

低温区混凝土浇筑时间为 10 月份，浇筑温度较低，且浇筑时气温较低，散热条件好；越冬过程中混凝土表面最低温度低于 −20.0℃，且沿混凝土深度方向约为 4.0m 范围内均为负温区。第二年恢复混凝土浇筑后，坝体上、下游侧混凝土温度随着气温的升高而升高，而中心部位混凝土温度受气温影响甚小，故而在高温季节越冬层面高程表现为低温区。

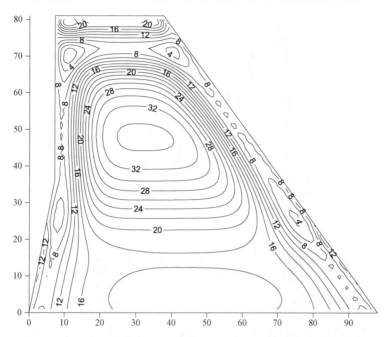

图 4−11　中横剖面施工期 25 月末（第三年 5 月 1 日）温度等值线图

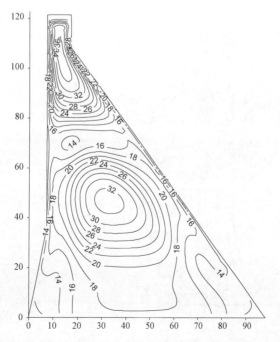

图 4−12　中横剖面施工期末（第三年 9 月 21 日）温度等值线图

（5）水库蓄水后，水位以下的混凝土表面温度随水温的变化而变化。由图4－13～图4－17可知，当水深超过60.0m时冬季库底水温约为4.0℃，夏季库底水温约为8.0℃，与水温计算结果相符。

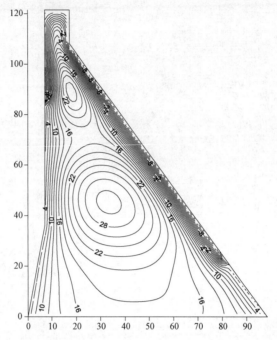

图4－13　中横剖运行期5月末（第四年2月21日）温度等值线图

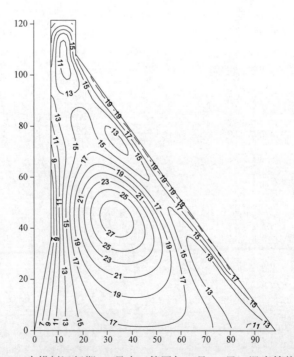

图4－14　中横剖运行期11月末（第四年8月21日）温度等值线图

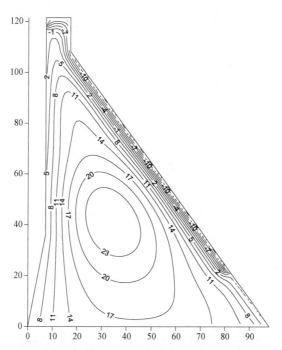

图 4-15　中横剖运行期 17 月末（第五年 2 月 21 日）温度等值线图

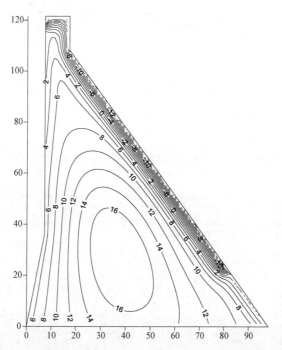

图 4-16　中横剖运行期 53 月末（第八年 2 月 21 日）温度等值线图

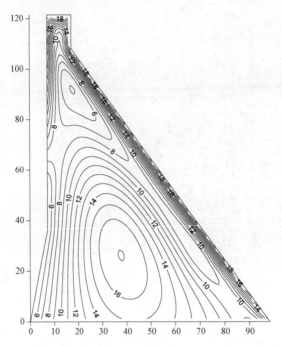

图 4-17 中横剖运行期 59 月末（第八年 8 月 21 日）温度等值线图

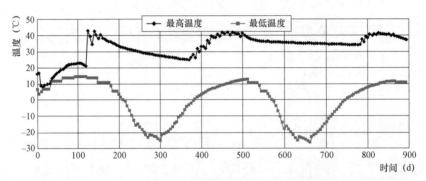

图 4-18 坝体施工期最高、最低温度历时曲线图

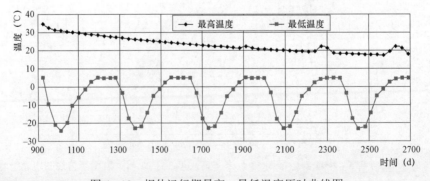

图 4-19 坝体运行期最高、最低温度历时曲线图

（6）表 4-12 为坝体不同高程区域内最高温度、出现的部位以及出现的时间。在坝体高程为 624.0～625.0m 常态混凝土垫层区，该部位为基础强约束区，因采取通仓薄层浇筑方法，层厚仅 1m，散热条件好，本方案中该常态混凝土垫层区最高温度为 23.1℃。按规范要求，当常态混凝土极限拉伸值不低于 0.85×10^{-4}，浇筑块长边长度 70m 以上时，基础强约束区基础容许温差为 16℃，该部位的稳定温度约为 7℃，则该部位的最高温度允许达到 23℃。最高温度为 23.10℃，基本满足规范要求。

表 4-12   坝体不同高程区域内最高温度

部位（m）	最高温度（℃）	出现位置（m）		出现时间（d）
		顺水流方向坐标	铅直方向坐标	
基础垫层区	23.10	0.24	1.20	105
▽625～645	42.97	3.83	3.30	125
▽645～665	40.95	11.25	40.5	440
▽665～745.5	42.47	10.79	49.50	475

在坝体高程为 625～645.0m，该部位碾压混凝土位于基础强约束区。按规范要求，当碾压混凝土极限拉伸值不低于 0.70×10^{-4}，浇筑块长边长度 70m 以上时，基础强约束区基础容许温差为 12℃，该部位的稳定温度约为 7℃，则基础强约束区的最高温度允许达到 19℃。高程为 625.0～645.0m 最高温度超过了规范规定的允许值，需采取温控措施降低该区域的最高温度。

在坝体高程为 645.0～665.0m，该部位为基础弱约束区；按规范要求，当碾压混凝土极限拉伸值不低于 0.70×10^{-4}，浇筑块长边长度 70m 以上，基础弱约束区基础容许温差为 14.5℃，该部位的稳定温度约为 7℃，则基础弱约束区的最高温度允许达到 21.5℃。高程为 645.0～665.0m 最高温度超过了规范规定的允许值，需采取温控措施降低该区域的最高温度。

4.4.4 应力场计算成果及分析

图 4-20～图 4-22 为坝体横缝剖面典型点三个方向温度应力包络线图，图 4-23～图 4-25 为坝体中横剖面典型点三个方向温度应力包络线图，图 4-26～图 4-28 为坝体距横缝 3.75m 处横缝剖面典型点三个方向温度应力包络线图。图 4-29～图 4-55 为不同高程水平截面最大温度应力分布图。表 4-13 为坝体施工期及运行期温度应力最大值表。

（1）坝体基础常态混凝土垫层的温度应力均较大，施工期 X 向温度应力最大值为 3.17MPa，Z 向温度应力最大值为 7.12MPa，运行期 Z 向温度应力最大值为 4.71MPa。坝体基岩常态混凝土垫层部位出现较大的拉应力区的主要原因是，因为施工期需要在垫层上面进行坝基固结灌浆，造成垫层混凝土长间歇，在外温变化及基岩约束双重作用下，出现较大的拉应力。

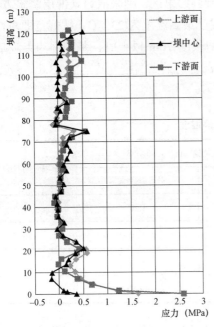 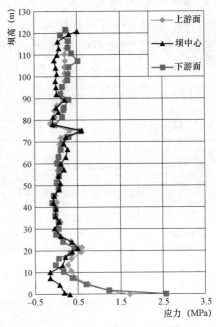

图 4-20　横缝剖面典型点温度应力 σ_{xmax} 包络线图　　图 4-21　横缝剖面典型点温度应力 σ_{ymax} 包络线图

（2）施工期 Y 向温度应力最大值为 4.26MPa，出现在 645.0m 高程。该部位温度应力较大主要是由于冬季长时间停歇而造成越冬面，尤其是上下游棱角部位过冷，产生过大的上下层温差，加之内表温差的作用，在越冬面出现较大的拉应力。

（3）由表 4-13 可以看出，施工期及运行期坝体三个方向的温度应力最大值均远远超过了碾压混凝土抗拉强度，坝体将出现严重温度裂缝。应采取有效的温控防裂措施避免或减少温度裂缝的产生。

表 4-13　　　　　　　　　　坝体施工期及运行期温度应力最大值表

温度应力		应力最大值（MPa）	出现位置（m）			出现时间（d）
			左右岸方向坐标	顺水流方向坐标	铅直方向坐标	
施工期	σ_{xmax}	3.17	7.50	0.24	1.20	303.00
	σ_{ymax}	4.26	7.50	43.39	21.00	303.00
	σ_{zmax}	7.12	7.50	0.24	1.20	325.50
运行期	σ_{xmax}	2.75	0.00	98.32	0.00	2542.00
	σ_{ymax}	3.48	0.00	98.32	0.00	2542.00
	σ_{zmax}	4.71	7.50	97.43	1.20	2542.00

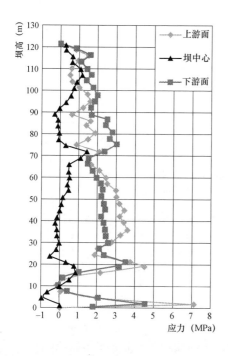

图4-22　横缝剖面典型点温度应力 $\sigma_{z\max}$ 包络线图

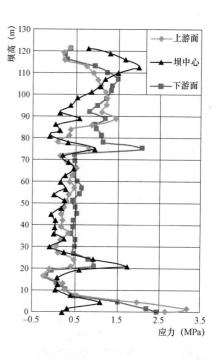

图4-23　中横剖面典型点温度应力 $\sigma_{x\max}$ 包络线图

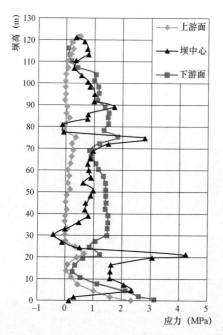

图4-24　中横剖面典型点温度应力 $\sigma_{y\max}$ 包络线图

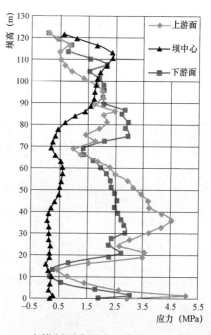

图4-25　中横剖面典型点温度应力 $\sigma_{z\max}$ 包络线图

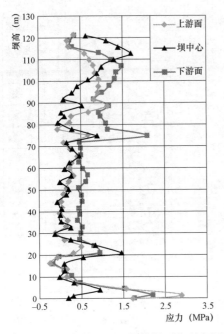

图 4-26　距横缝 3.75m 处横剖面典型点温度
应力 σ_{xmax} 包络线图

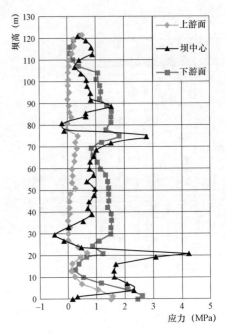

图 4-27　距横缝 3.75m 处横剖面典型点温度
应力 σ_{ymax} 包络线图

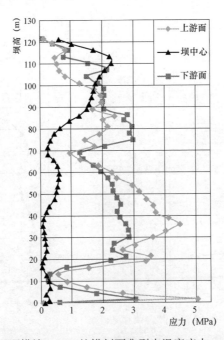

图 4-28　距横缝 3.75m 处横剖面典型点温度应力 σ_{zmax} 包络线图

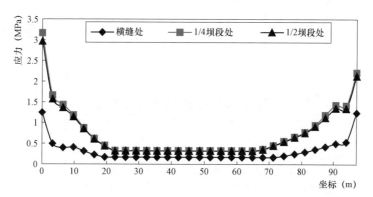

图 4-29　坝高 0.0m 处水平截面应力 x 向最大温度应力分布图

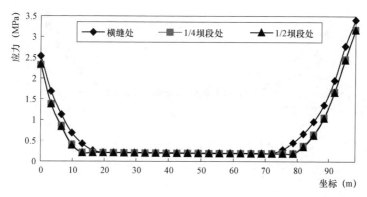

图 4-30　坝高 0.0m 处水平截面应力 y 向最大温度应力分布图

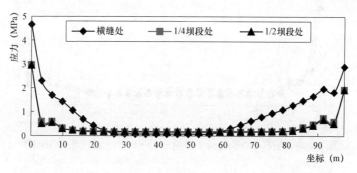

图 4-31　坝高 0.0m 处水平截面应力 z 向最大温度应力分布图

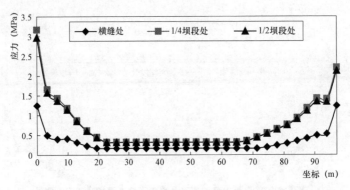

图 4-32　坝高 1.0m 处水平截面应力 x 向最大温度应力分布图

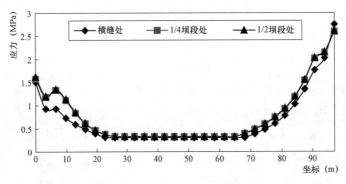

图 4-33　坝高 1.0m 处水平截面应力 y 向最大温度应力分布图

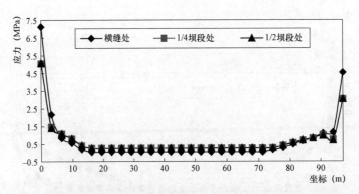

图 4-34　坝高 1.0m 处水平截面应力 z 向最大温度应力分布图

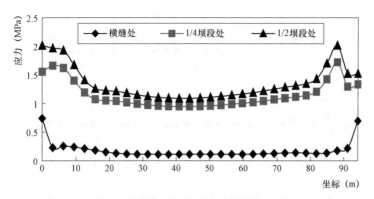

图 4-35 坝高 4.2m 处水平截面应力 x 向最大温度应力分布图

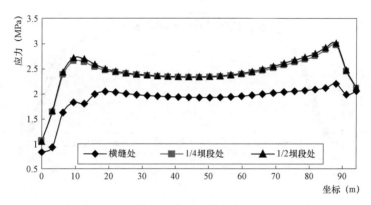

图 4-36 坝高 4.2m 处水平截面应力 y 向最大温度应力分布图

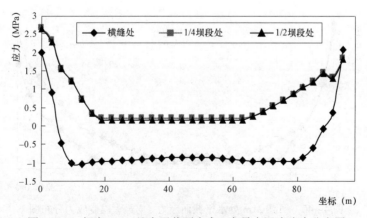

图 4-37 坝高 4.2m 处水平截面应力 z 向最大温度应力分布图

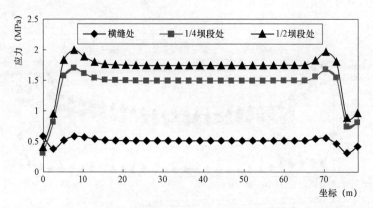

图4-38　坝高21m处水平截面应力x向最大温度应力分布图

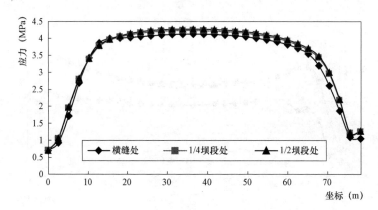

图4-39　坝高21m处水平截面应力y向最大温度应力分布图

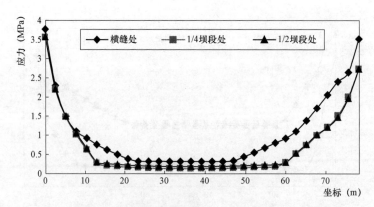

图4-40　坝高21m处水平截面应力z向最大温度应力分布图

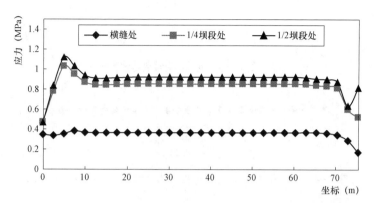

图 4-41　坝高 24.0m 处水平截面应力 x 向最大温度应力分布图

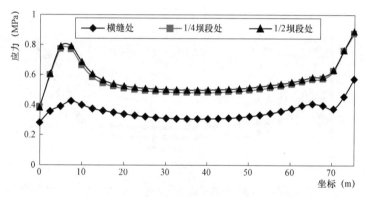

图 4-42　坝高 24.0m 处水平截面应力 y 向最大温度应力分布图

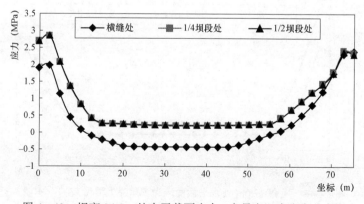

图 4-43　坝高 24.0m 处水平截面应力 z 向最大温度应力分布图

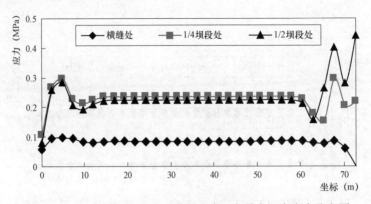

图 4-44　坝高 27.0m 处水平截面应力 x 向最大温度应力分布图

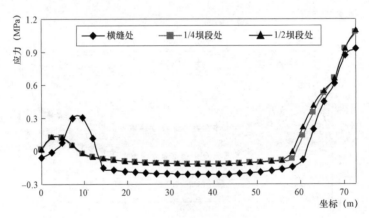

图 4-45　坝高 27.0m 处水平截面应力 y 向最大温度应力分布图

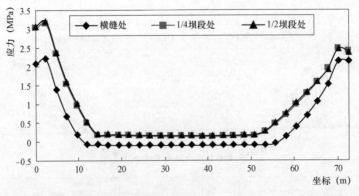

图 4-46　坝高 27.0m 处水平截面应力 z 向最大温度应力分布图

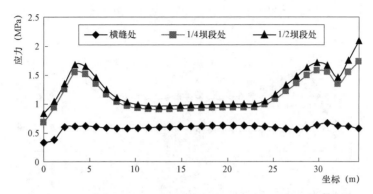

图 4-47　坝高 75.0m 处水平截面应力 x 向最大温度应力分布图

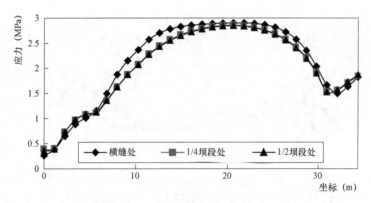

图 4-48　坝高 75.0m 处水平截面应力 y 向最大温度应力分布图

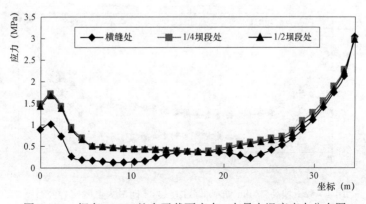

图 4-49　坝高 75.0m 处水平截面应力 z 向最大温度应力分布图

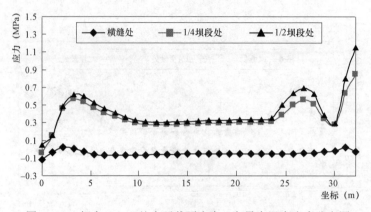

图 4-50　坝高 78.0m 处水平截面应力 x 向最大温度应力分布图

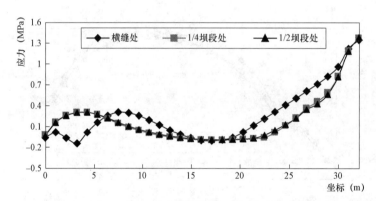

图 4-51　坝高 78.0m 处水平截面应力 y 向最大温度应力分布图

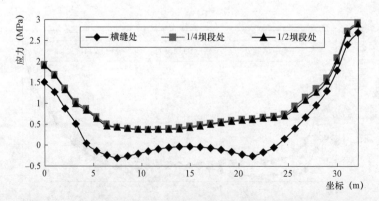

图 4-52　坝高 78.0m 处水平截面应力 z 向最大温度应力分布图

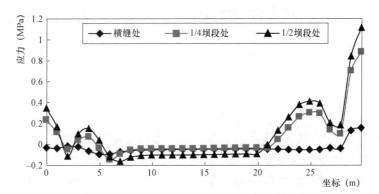

图 4-53　坝高 81.0m 处水平截面应力 x 向最大温度应力分布图

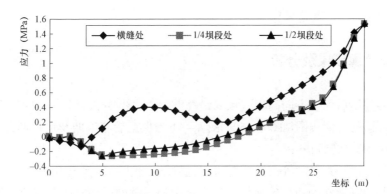

图 4-54　坝高 81.0m 处水平截面应力 y 向最大温度应力分布图

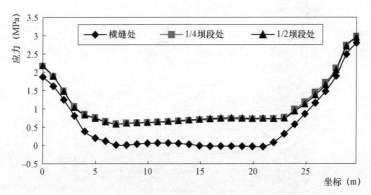

图 4-55　坝高 81.0m 处水平截面应力 z 向最大温度应力分布图

4.5 表面保温对温度场与应力场的影响研究

4.5.1 计算方案

研究表面保温对严寒地区碾压混凝土坝温度场及应力场的影响时，计算方案如下：碾压混凝土浇筑初凝后开始保温；保温材料为5cm厚的聚苯乙烯泡沫板，保温后的等效热交换系数 $\beta_s=2.89kJ/（m^2·h·℃）$，全年保温。在约束区（高程624.0~665.0m）和6—8月的施工部位埋冷却水管。水管排间距1.5m×1.5m，浇筑后2.0d通水，通水水温为河水温度，通水历时15d。高程645.0m（第一年11月1日至第二年3月31日）和高程699.0m（第二年11月1日至第三年3月31日）长间歇，其间越冬层面也采取保温。表面保温计算方法见第7章7.2节。

碾压混凝土施工进度和浇筑温度见表4-11。

4.5.2 温度场计算成果及分析

表4-14为保温后坝体不同高程区域内最高温度表，图4-56~图4-59为保温后坝体中横剖面典型时刻温度等值线图，图4-60、图4-61为保温后施工期及运行期最高、最低温度历时曲线图。由计算成果可知：

（1）保温后相同时刻温度等值线图与未保温时基本相同，但保温方案6—8月浇筑的混凝土中采用了冷却水管通水冷却，致使保温后方案中相同时刻、相同高温部位的温度较未保温方案低2~3℃。

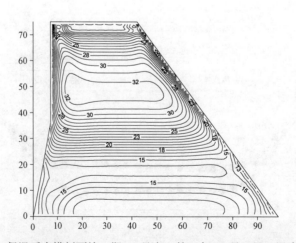

图4-56 保温后中横剖面施工期19月末（第二年11月1日）温度等值线图

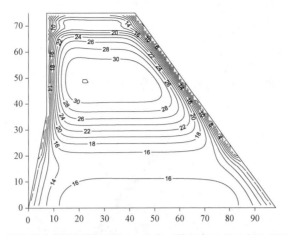

图 4-57　保温后中横剖面施工期 22 月末（第三年 2 月 1 日）温度等值线图

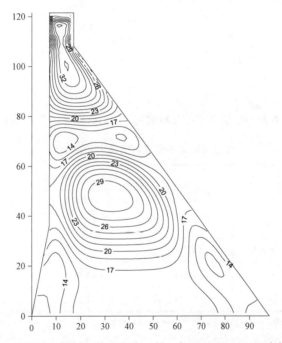

图 4-58　保温后中横剖面施工期末（第三年 9 月 21 日）温度等值线图

（2）由表 4-12 和表 4-14 相比较，采用表面保温后，坝体不同区域最高温度较未保温方案低 1~2℃，该温度降低值是表面保温和水管冷却措施的综合值。说明水管冷却使得混凝土最高温度的降低值较表面保温使得混凝土温度的升高值稍大。

（3）采用 5cm 厚的聚苯乙烯泡沫板后，冬季低温季节混凝土表面最低温度约为 -9.0℃，相比未保温时的最低温度已得到很好的提升。但最低温度仍然很低，表面混凝土温差较大，易出现温度裂缝，因此应适当增加保温材料的厚度。

（4）坝体高程 624.0~625.0m 常态混凝土垫层区最高温度为 22.37℃，满足规范要求。坝体强约束区（高程 625.0~645.0m）和弱约束区（高程 645.0~665.0m）范围内最高温度超过了规范规定的允许值。需采取温控措施降低这些区域的最高温度。

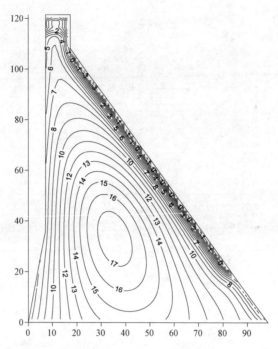

图 4-59　保温后中横剖运行期 53 月末（第八年 2 月 21 日）温度等值线图

表 4-14　　　　　　　　　　　保温后坝体不同高程区域内最高温度

方案	部位（m）	最高温度（℃）	出现位置（m）		出现时间（d）
			顺水流方向坐标	铅直方向坐标	
5cm 厚的聚苯乙烯泡沫板	基础垫层区	22.37	97.43	1.20	105
	高程 625.0～645.0	41.44	3.55	3.30	125
	高程 645.0～665.0	39.03	10.24	37.80	425
	高程 665.0～745.5	40.74	9.6	46.80	460

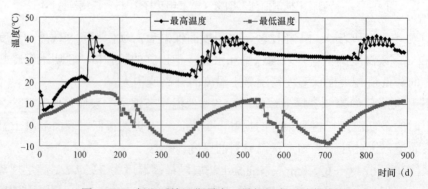

图 4-60　保温后施工期最高、最低温度历时曲线图

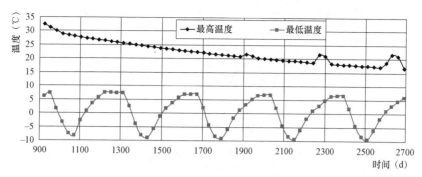

图 4-61 保温后运行期最高、最低温度历时曲线图

4.5.3 应力场计算成果及分析

图 4-62～图 4-64 为保温后坝体中横剖面典型点三个方向温度应力包络线图。表 4-15 为保温后坝体施工期及运行期温度应力最大值表。由计算成果可知:

（1）坝体基础常态混凝土垫层的温度应力均较大,施工期 Z 向温度应力最大值为 4.73MPa,运行期 Y 向温度应力最大值为 2.52MPa,Z 向温度应力最大值为 4.99MPa。坝体基岩常态混凝土垫层部位出现较大的拉应力区的主要原因是施工期需要在垫层上面进行坝基固结灌浆,造成垫层混凝土长间歇,在外温变化及基岩约束双重作用下,出现较大的拉应力。

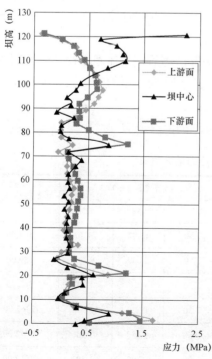

图 4-62　保温后中横剖面典型点温度
应力 σ_{xmax} 包络线图

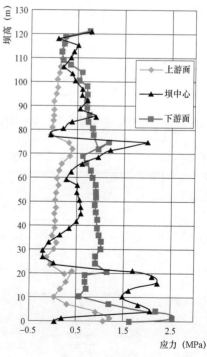

图 4-63　保温后中横剖面典型点温度
应力 σ_{ymax} 包络线图

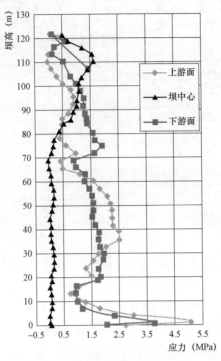

图 4-64　保温后中横剖面典型点温度应力 $\sigma_{z\max}$ 包络线图

（2）施工期 Y 向温度应力最大值为 2.23MPa，出现在 699.0m 高程。该部位温度应力较大主要原因是冬季长时间停歇而造成越冬面，尤其是上下游棱角部位过冷，产生过大的上下层温差，加之内表温差的作用，在越冬面出现较大的拉应力。

（3）由表 4-13 和表 4-15 可以看出，采取表面保温措施后，坝体施工期及运行期各方向温度应力均大幅降低，说明表面保温措施效果较好。但采用 5cm 厚的聚苯乙烯泡沫板后坝体三个方向的温度应力最大值仍然超过了碾压混凝土抗拉强度，坝体将出现温度裂缝。因此应增加保温材料的厚度来进一步减小坝体施工期及运行期的温度应力。

表 4-15　　　　　　　　　保温后坝体施工期及运行期温度应力最大值表

方案	温度应力		应力最大值（MPa）	出现位置（m）			出现时间（d）
				X	Y	Z	
5cm 厚的聚苯乙烯泡沫板	施工期	$\sigma_{x\max}$	1.84	7.50	11.82	74.70	589.00
		$\sigma_{y\max}$	2.23	7.50	28.00	74.70	589.00
		$\sigma_{z\max}$	4.73	7.50	0.24	1.20	362.75
	运行期	$\sigma_{x\max}$	2.26	7.50	12.20	121.50	2362.00
		$\sigma_{y\max}$	2.52	7.50	97.58	1.20	2542.00
		$\sigma_{z\max}$	4.99	7.50	97.43	1.20	2512.00

4.6　浇筑温度对温度场与应力场的影响研究

4.6.1　计算方案

研究浇筑温度对严寒地区碾压混凝土坝温度场及应力场的影响时，计算方案如下：碾压混凝土浇筑初凝后开始保温；保温材料为5cm厚的聚苯乙烯泡沫板，保温后的等效热交换系数 $\beta_s=2.89$kJ/（$m^2 \cdot h \cdot ℃$），全年保温。在约束区（高程 624.0～665.0m）和6—8月的施工部位埋冷却水管。水管排间距 1.5m×1.5m，浇筑后 2.0d 通水，通水水温为河水温度，通水历时15d。高程645.0m（第一年11月1日至第二年3月31日）和高程699.0m（第二年11月1日至第三年3月31日）长间歇，其间越冬层面也采取保温。

碾压混凝土施工进度见表4-11，浇筑温度为：强约束区（高程624.0～高程645.0m）≤15℃；弱约束区（高程645.0～665.0m）≤17℃；其他部位≤20℃。若浇筑温度比当月平均气温加3℃（考虑太阳辐射的影响）高，则取平均气温加3℃为浇筑温度。将此方案计算结果与前节计算结果对比分析，以确定浇筑温度对坝体温度场与应力场的影响。

4.6.2　温度场计算成果及分析

表4-16为控制浇筑温度方案坝体不同高程区域内最高温度，图4-65～图4-68为控制浇筑温度方案坝体中横剖面典型时刻温度等值线图，图4-69、图4-70为控制浇筑温度方案施工期及运行期最高、最低温度历时曲线图。由计算成果可知：

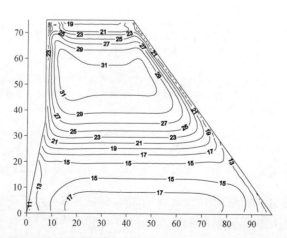

图4-65　控制浇筑温度方案中横剖面施工期19月末（第二年11月1日）温度等值线图

（1）控制浇筑温度方案相同时刻温度等值线图与保温后基本相同，但控制浇筑温度方案中基础强约束区 8 月份浇筑的混凝土浇筑温度低 6.0℃，因此强约束区最高温度降低 4.91℃。控制浇筑温度方案中弱约束区 6—8 月混凝土浇筑温度平均降低约 3.0℃，因此弱约束区最高温度降低 1.49℃。控制浇筑温度方案中非约束区 6—8 月混凝土浇筑温度平均降低约 2.0℃，因此弱约束区最高温度降低 0.98℃。

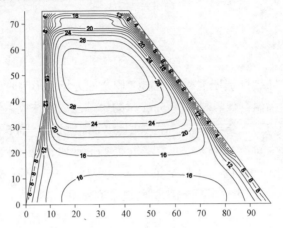

图 4-66　控制浇筑温度方案中横剖面施工期 22 月末（第三年 2 月 1 日）温度等值线图

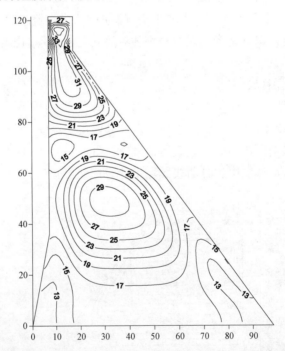

图 4-67　控制浇筑温度方案中横剖面施工期 29 月末（第三年 9 月 21 日）温度等值线图

（2）本方案中保温材料仍然采用 5cm 厚的聚苯乙烯泡沫板，冬季低温季节混凝土表面最低温度约为−9.0℃，相比未保温时的最低温度已得到很好的提升，但最低温度仍然很低，表面混凝土温差较大，易出现温度裂缝，因此应适当增加保温材料的厚度。

（3）坝体高程 624.0～625.0m 常态混凝土垫层区最高温度为 22.37℃，满足规范要求。坝体强约束区（高程 625.0～645.0m）和弱约束区（高程 645.0～665.0m）范围内最高温度超过了规范规定的允许值。需采取温控措施降低这些区域的最高温度。

表 4-16   控制浇筑温度方案坝体不同高程区域内最高温度

方案	部位（m）	最高温度（℃）	出现位置（m）		出现时间（d）
			顺水流方向坐标	铅直方向坐标	
5cm 厚的聚苯乙烯泡沫板，控制浇筑温度	基础垫层区	22.37	97.43	1.20	105
	高程 625.0～645.0	36.53	3.55	3.30	125
	高程 645.0～665.0	37.54	10.24	37.80	425
	高程 665.0～745.5	39.76	9.17	52.80	485

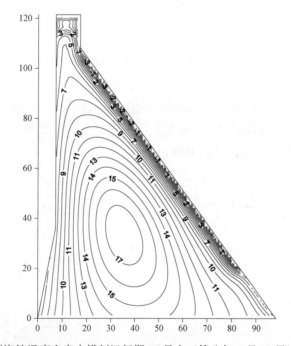

图 4-68 控制浇筑温度方案中横剖运行期 53 月末（第八年 2 月 21 日）温度等值线图

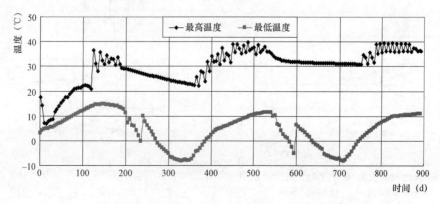

图 4-69 控制浇筑温度方案施工期最高、最低温度历时曲线图

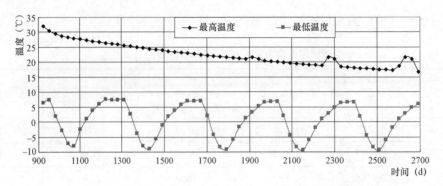

图 4-70　控制浇筑温度方案运行期最高、最低温度历时曲线图

4.6.3　应力场计算成果及分析

图 4-71～图 4-73 为控制浇筑温度方案坝体中横剖面典型点三个方向温度应力包络线图。表 4-17 为控制浇筑温度方案坝体施工期及运行期温度应力最大值表。由计算成果可知：

（1）控制浇筑温度方案坝体基础常态混凝土垫层的温度应力均较大，施工期 X 向温度应力最大值为 1.64MPa，Z 向温度应力最大值为 4.73MPa；运行期 Y 向温度应力最大值为 2.32MPa，Z 向温度应力最大值为 4.51MPa。

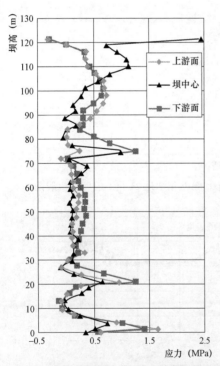

图 4-71　控制浇筑温度方案中横剖面典型点温度应力 $\sigma_{x\max}$ 包络线图

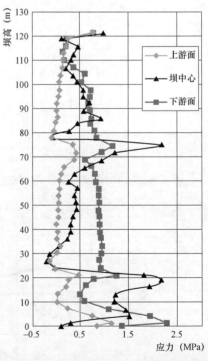

图 4-72　控制浇筑温度方案中横剖面典型点温度应力 $\sigma_{y\max}$ 包络线图

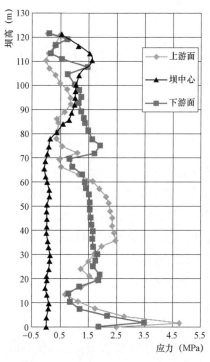

图 4-73　控制浇筑温度方案中横剖面典型点温度应力 σ_{zmax} 包络线图

（2）控制浇筑温度方案各部位温度应力均有所减小，减小幅度为 0.2～0.5MPa。

（3）施工期 Y 向温度应力最大值为 2.12MPa，出现在 699.0m 高程。该部位温度应力较大主要是由于冬季长时间停歇而造成越冬面，尤其是上下游棱角部位过冷，产生过大的上下层温差，加之内表温差的作用，在越冬面出现较大的拉应力。

（4）由表 4-15 和表 4-17 可以看出，采取控制浇筑温度方案后，坝体施工期及运行期各方向温度应力最大值均有所降低，说明控制浇筑温度能改善坝体温度应力，但坝体三个方向的温度应力最大值仍然超过了碾压混凝土抗拉强度，坝体将出现温度裂缝。因此应进一步采取综合温控措施减小坝体施工期及运行期的温度应力。

表 4-17　　　　控制浇筑温度方案坝体施工期及运行期温度应力最大值表

方案	温度应力		应力最大值（MPa）	出现位置（m）			出现时间（d）
				X	Y	Z	
5cm 厚的聚苯乙烯泡沫板	施工期	σ_{xmax}	1.64	7.50	0.24	1.2	362.75
		σ_{ymax}	2.12	7.50	28.00	74.70	589.00
		σ_{zmax}	4.26	7.50	97.43	1.20	362.75
	运行期	σ_{xmax}	2.45	7.50	12.20	121.50	2362.00
		σ_{ymax}	2.32	0.00	97.43	1.20	2512.00
		σ_{zmax}	4.51	7.50	97.43	1.20	2512.00

4.7 综合温控措施研究

4.7.1 计算方案

根据前述拟定的浇筑进度计算成果可知，在施工期第一年的 4 月浇筑 1m 厚常态混凝土垫层后进行坝基固结灌浆，造成垫层混凝土长间歇，在外温变化及基岩约束双重作用下，出现较大的拉应力。因此将 1m 厚常态混凝土垫层改为 5m 厚的碾压混凝土，并在此 5m 厚的碾压混凝土垫层上下游方向的正中间设一条纵缝，以缩小浇筑块长边长度。

浇筑温度：强、弱约束区（高程 665.0m 以下）≤15℃，其他部位≤18℃（考虑太阳辐射的影响，如果浇筑温度比当月平均气温加 3℃ 高，取平均气温加 3℃ 为浇筑温度）；在强、弱约束区（高程 624.0～665.0m）范围内和 5—9 月的施工部位埋冷却水管。水管排间距 1.5m×1.5m，浇筑后 2.0d 通水，通水水温为 10℃冷却水，初期通水历时 20d；保温材料为 8cm 厚的 XPS 挤塑板，保温后的等效热交换系数 $\beta_s = 1.241$kJ/（$m^2 \cdot h \cdot ℃$），混凝土浇筑初凝后开始保温，全年保温；施工期 6—8 月施工仓面喷雾降温，使环境温度比气温降低 3℃。

4.7.2 温度场计算成果及分析

表 4−18 为综合温控方案坝体不同高程区域内最高温度，图 4−74～图 4−80 为综合温控方案坝体中横剖面典型时刻温度等值线图，图 4−81、图 4−82 为综合温控方案施工期及运行期最高、最低温度历时曲线图，图 4−83、图 4−84 为综合温控方案施工期及运行期坝体中心温度逐月变化图。由计算成果可知：

（1）在坝体高程 624.0～629.0m 碾压混凝土垫层区，该部位为基础强约束区，在第一年 4 月 10 日浇筑结束，由于 4 月上旬外界气温较低（3.5℃），坝体散热条件好，且浇筑温度也较低（6.5℃），因此，该区域混凝土最高温度也较低，为 23.03℃，出现在下游高标号混凝土区域。按规范要求，当碾压混凝土极限拉伸值不低于 $0.70×10^{-4}$，浇筑块长边长为 30～70m 时，基础强约束区基础容许温差为 14.5℃。该部位的稳定温度约为 7℃，浇筑块长边长为 49.0m。因此，规范允许强约束区的最高温度为 21.5℃。该部位除下游面高标号区域个别点混凝土温度超过 21.5℃外，其余大部分区域混凝土最高温度均未超过 21.5℃，因此该部位温度满足规范要求。

（2）在坝体高程 629.0～645.0m 内，该部位碾压混凝土位于基础强约束区；按规范要求，当碾压混凝土极限拉伸值不低于 $0.70×10^{-4}$，浇筑块长边长为 70m 以上时，基础强约束区基础容许温差为 12℃，该部位的稳定温度约为 7℃，则基础强约束区的最高温度允许达到 19℃。

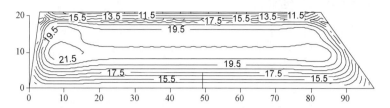

图 4-74 综合温控方案中横剖面施工期 10 月末（第二年 2 月 1 日）温度等值线

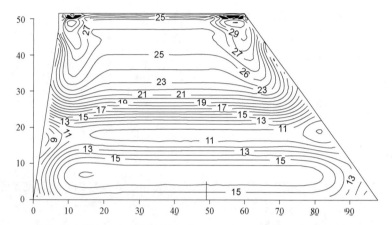

图 4-75 综合温控方案中横剖面施工期 16 月末（第二年 8 月 1 日）温度等值线

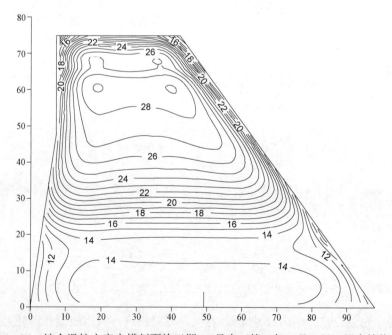

图 4-76 综合温控方案中横剖面施工期 22 月末（第三年 2 月 1 日）温度等值线

非溢流坝段在高程 629.0～645.0m 内最高温度为 31.88℃，位于下游高标号碾压混凝土中。最高温度出现部位的混凝土浇筑时间为 8 月下旬，浇筑温度为 15℃，下游高标号碾压混凝土

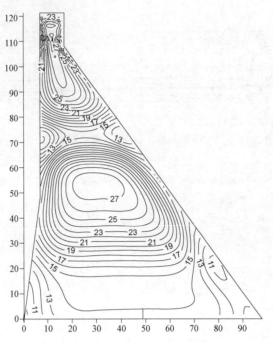

图 4-77　综合温控方案中横剖面施工期 29 月末（第三年 9 月 21 日）温度等值线

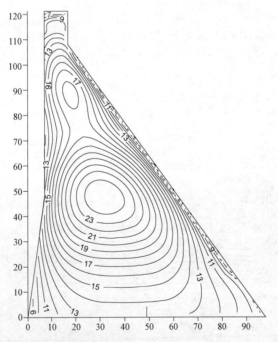

图 4-78　综合温控方案中横剖面运行期 17 月末（2011 年 2 月 23 日）温度等值线

的最终绝热温升为 24.29℃。由于 8 月份外界气温相对较高，坝体散热相对较差，因此，最高温度值也较大。在坝体高程 629.0～645.0m 内，上游面和下游面高标号混凝土区域，最高温度值超过 30℃，而内部大部分区域混凝土最高温度值小于 25.0℃。坝段中心最高温度比规范允许温度 19℃高 6.0℃左右。按照施工进度安排，8 月份浇筑厚度为 6.0m，其余部分在 9 月份和10月份浇筑。9、10月份浇筑的部位中心区域最高温度未超过基础容许温度19℃，因此，除8月份浇筑的混凝土之外，其余区域满足规范要求。

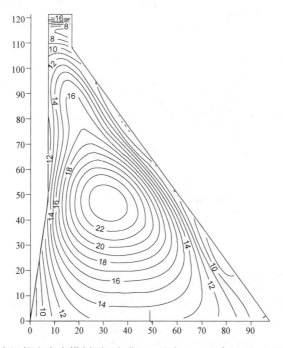

图4-79　综合温控方案中横剖面运行期23月末（2011年8月23日）温度等值线

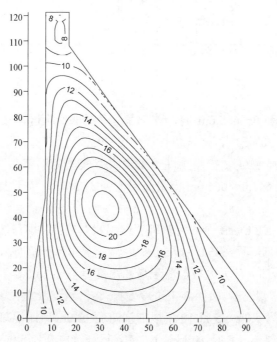

图4-80　综合温控方案中横剖面运行期39月末（2012年12月23日）温度等值线

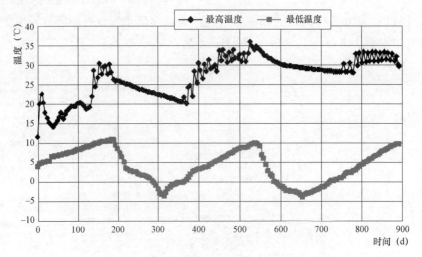

图 4-81　综合温控方案施工期最高最低温度历时曲线

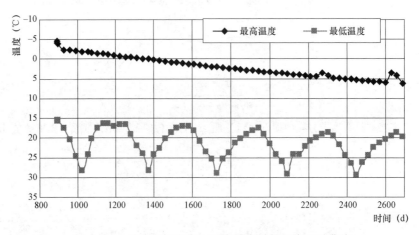

图 4-82　综合温控方案运行期最高最低温度历时曲线

（3）在坝体高程 645.0～665.0m 内，该部位为基础弱约束区，按规范要求，当碾压混凝土极限拉伸值不低于 0.70×10⁻⁴，浇筑块长边长度 70m 以上，基础弱约束区基础容许温差为 14.5℃，该部位的稳定温度约为 7℃，则基础弱约束区的最高温度允许达到 21.5℃。

非溢流坝段在高程 645.0～665.0m 内最高温度为 31.56℃，位于上游高标号混凝土中。最高温度出现部位的混凝土浇筑时间为 2008 年 6 月 2 日，浇筑温度为 15℃，下游高标号混凝土的最终绝热温升为 22.68℃。由于 6 月份外界气温相对较高，坝体散热相对较差，因此，最高温度值也较大。在坝体高程 645.0～665.0m 内，上游面和下游面高标号混凝土区域，最高温度值超过 30℃，而内部大部分区域混凝土最高温度值小于 26.2℃。坝段中心最高温度比规范允许温度 21.5℃高 4.7℃左右。按照施工进度安排，该区域混凝土在 4 月份浇筑厚度为 9.0m，5 月份为 6.0m，6 月份为 5.0m。5 月 10 日以前浇筑的 12.0m 碾压混凝土，其中心最高温度未超过 21.5℃，满足规范要求；5 月 10 日至 6 月 14 日浇筑厚度为 8.0m，其中心最高温度均超过 21.5℃，最大为 26.2℃，因此超出规范最大允许温差的要求。

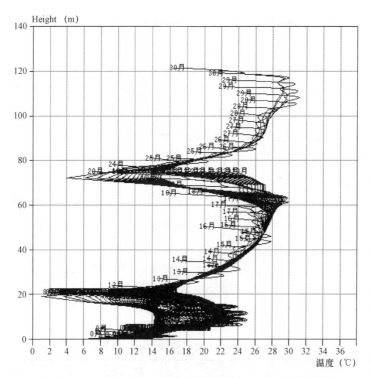

图 4-83 综合温控方案施工期坝体中心温度逐月变化图

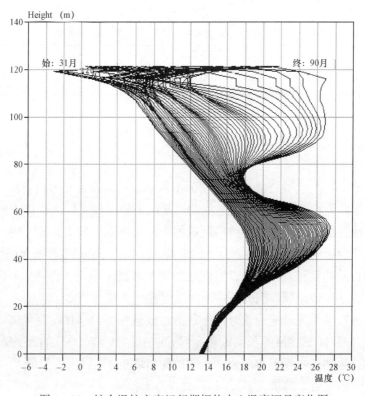

图 4-84 综合温控方案运行期坝体中心温度逐月变化图

（4）在坝体高程 665.0～745.5m 内，该部位为非约束区，坝段在该区域温度较高，局部点最高温度为 35.81℃。

（5）从施工期坝体中心温度逐月变化图可以看出：坝体中心温度沿坝高出现 3 个高温区和 2 个低温区。高温区均在 6—8 月份施工的部位，低温区出现在冬季停工季节以及 4 月份和 10 月份浇筑的部位。这是因为高温季节混凝土入仓温度高，外界气温高（20～22℃）且散热条件差，导致坝体中心温度值大；低温季节混凝土入仓温度低，外界气温低（5～7.2℃）且散热条件好，坝体中心温度值小。

（6）从温度等值线图可看出：坝体由表及里温度逐渐增大，靠近表面的温度梯度大，坝体内部的温度梯度小，其原因是环境温度和库水温度对坝体表层混凝土的温度影响较大，而对内部混凝土的温度影响较小。坝体内部最高温度值仅与混凝土浇筑温度和龄期有关，随着时间的推移，坝体内部同一部位的温度逐渐降低，但降温速度比较缓慢。

（7）坝体表层温度随外界环境温度变化比较明显；坝体内部温度受外界环境温度影响很小，其温度在混凝土浇筑后一个月左右达到最高值并开始缓慢下降。而且从历时曲线可以看到水库上、下游水位变化对坝体表面温度有明显的影响。

表 4-18　　　　　　　　　综合温控方案坝体不同高程区域内最高温度

部位（m）	最高温度（℃）	出现位置（m）		出现时间（d）
		顺水流方向坐标	铅直方向坐标	
基础垫层区	23.03	95.94	3.90	10.25
高程 625.0～645.0	31.88	89.74	8.70	152.50
高程 645.0～665.0	31.56	7.13	37.20	424.50
高程 665.0～745.5	35.81	48.67	61.50	525.00

4.7.3　应力场计算成果及分析

图 4-85～图 4-87 为综合温控方案坝体中横剖面典型点三个方向温度应力包络线图。表 4-19 为综合温控方案坝体施工期及运行期温度应力最大值表。由计算成果可知：

（1）非溢流坝段坝体碾压混凝土垫层区域的竖向温度应力较大，施工期最大温度应力 σ_{zmax} 为 2.80MPa，运行期最大温度应力 σ_{zmax} 为 2.24MPa。计算温度应力时未考虑坝体混凝土自重的影响，若考虑自重计算综合应力时，竖向应力将有所减小。由于在碾压混凝土垫层上下游方向的正中间设置了一条纵缝，因此垫层 y 向温度应力大幅度降低。

（2）坝体因为在冬季无法施工长时间停歇而造成越冬面，坝体在高程 645m（第一年 11 月 1 日至第二年 3 月 31 日停浇）长间歇和高程 699m（第二年 11 月 1 日至第三年 3 月 31 日停浇）长间歇时，坝体的温度应力较大。长间歇面 645.0m 高程附近的最大温度应力 σ_{ymax} 为 2.27MPa，699.0m 高程附近的最大温度应力 σ_{ymax} 为 1.43MPa。坝体长间歇层面部位出现较大的拉应力区的主要原因是冬季长时间停歇而造成越冬面，尤其是上下游棱角部位超冷，产生过大的上下层温差，加之内表温差的作用，在越冬面出现较大的拉应力。

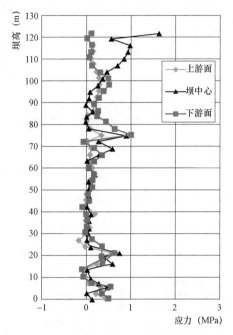

图 4-85　综合温控方案中横剖面典型点温度
应力 $\sigma_{x\max}$ 包络线图

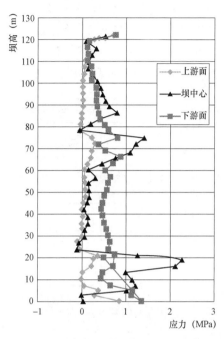

图 4-86　综合温控方案中横剖面典型点温度
应力 $\sigma_{y\max}$ 包络线图

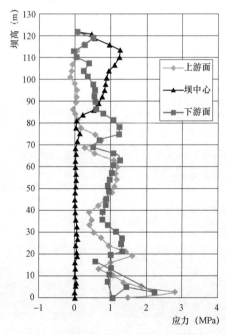

图 4-87　综合温控方案中横剖面典型点温度应力 $\sigma_{z\max}$ 包络线图

（3）坝体施工期和运行期最大温度应力出现在坝基面和长间歇面附近，且出现的时间均在冬季低温季节。

（4）经温控仿真计算，采取综合温控措施可有效减小温度应力，非溢流坝段坝体应力大部分区域可控制在允许应力范围内，说明所采取的综合温控措施有效。但坝体的个别点（基础面、越冬层面及坝踵、坝趾部位）及表面、结构变化部位的拉应力仍然超标，特别是越冬层面，需要采取专门的温控防裂措施。

表 4-19　　　　　　　　　综合温控方案坝体施工期及运行期温度应力最大值表

温度应力		应力最大值（MPa）	出现位置（m）			出现时间（d）
			x	y	z	
施工期	$\sigma_{x\max}$	0.88	7.50	24.64	75.0	641.5
	$\sigma_{y\max}$	2.27	7.50	43.4	19.2	302.75
	$\sigma_{z\max}$	2.80	7.50	0.36	2.4	302.75
运行期	$\sigma_{x\max}$	1.64	7.50	12.20	121.5	2102
	$\sigma_{y\max}$	1.40	7.50	98.33	0.0	2442
	$\sigma_{z\max}$	2.24	7.50	96.53	2.4	2442

5　严寒地区碾压混凝土重力坝溢流坝段温控仿真研究

某水利枢纽工程最大坝高 121.50m，坝顶宽 10m，总长 1570.00m。其中溢流坝段布置在主河床左侧，共布置四个表孔，每孔净宽 12m。坝址区气温、水温、水位、混凝土热力学性能参数等见第 4 章表 4－1～表 4－10。

溢流坝段温控仿真计算模型在坝轴线方向取横缝之间的整个坝段，并对溢流坝段体型进行了适当的简化，如图 5－1 所示。整体坐标系的坐标原点在坝段左坝踵处，坝轴线指向右岸为 X 轴正向，顺水流方向为 Y 轴正向，铅直向上为 Z 轴正向。温度场计算中边界条件的选取：地基底面和 4 个侧面以及坝段横缝为绝热边界。坝体上下游面在水位以上为固—气边界，水位以下为固—水边界。固—气边界按第三类边界条件处理，固—水边界按第一类边界条件处理。应力场计算中取整个坝段进行计算，边界条件的选取：地基底面按固定支座处理，地基侧面按法向简支处理，其余为自由边界。

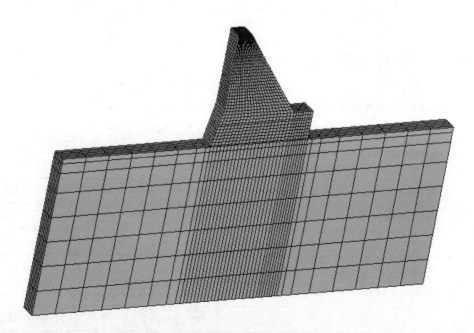

图 5－1　溢流坝段温控仿真计算模型

坝体由多种混凝土材料组成，具体材料分区如图 5－2 所示。从图 5－2 中可以得到各种混凝土所占分区号，其中 $CVCR_{90}20\ W8F100$：1 区；$RCCR_{180}20\ W10F100$：2、3、4、7、11

区；$RCCR_{180}20$ W4F50：5、6 区；$RCCR_{180}15$ W4F50：8、10、12 区；$R_{28}40$ W8F300：14、16 区；$R_{90}25$ W8F200：9、13、15 区。

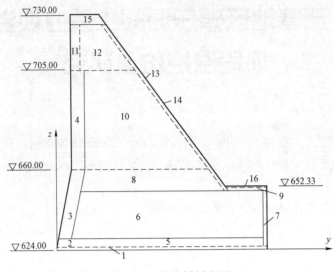

图 5-2 坝体材料分区

5.1 溢流坝段温控仿真计算

5.1.1 混凝土浇筑进度及计算方案

溢流坝段混凝土浇筑进度及浇筑温度见表 5-1。

表 5-1 溢流坝段方案施工进度表

序号	浇筑开始时间	浇筑底高程（m）	浇筑顶高程（m）	浇筑高差（m）	浇筑温度（℃）
1	第一年 4 月 1 日	624	625	1	6.5
2	第一年 8 月 1 日	625	628	3	12.0
3	第一年 8 月 15 日	628	631	3	12.0
4	第一年 8 月 29 日	631	634	3	12.0
5	第一年 9 月 13 日	634	637	3	12.0
6	第一年 9 月 27 日	637	640	3	12.0
7	第一年 10 月 11 日	640	643	3	8.3
8	第一年 10 月 25 日	643	645	2	5.2
9	第一年 11 月 1 日至第二年 3 月 31 日越冬停浇				

续表

序号	浇筑开始时间	浇筑底高程（m）	浇筑顶高程（m）	浇筑高差（m）	浇筑温度（℃）
10	第二年4月1日	645	648	3	6.5
11	第二年4月13日	648	651	3	11.0
12	第二年4月25日	651	654	3	15.0
13	第二年5月7日	654	657	3	15.0
14	第二年5月19日	657	660	3	15.0
15	第二年6月1日	660	663	3	15.0
16	第二年6月13日	663	666	3	15.0
17	第二年6月25日	666	669	3	18.0
18	第二年7月7日	669	672	3	18.0
19	第二年7月19日	672	675	3	18.0
20	第二年8月1日	675	678	3	18.0
21	第二年8月13日	678	681	3	18.0
22	第二年8月25日	681	684	3	18.0
23	第二年9月7日	684	687	3	18.0
24	第二年9月19日	687	690	3	18.0
25	第二年10月1日	690	693	3	11.2
26	第二年10月13日	693	696	3	8.3
27	第二年10月25日	696	699	3	5.2
28	第二年11月1日至第三年3月31日越冬停浇				
29	第三年4月1日	699	702	3	6.5
30	第三年4月16日	702	705	3	11.0
31	第三年5月1日	705	708	3	18.0
32	第三年5月16日	708	710.1	2.1	18.0
33	第三年6月1日	710.1	713.1	3	18.0
34	第三年6月11日	713.1	716.1	3	18.0
35	第三年6月21日	716.1	719.1	3	18.0
36	第三年7月1日	719.1	722.1	3	18.0
37	第三年7月11日	722.1	725.1	3	18.0
38	第三年7月21日	725.1	728.1	3	18.0
39	第三年8月1日	728.1	730	1.9	18.0

溢流坝段计算方案如下：碾压混凝土浇筑初凝后开始保温，保温材料为8cm厚的聚苯乙烯泡沫板，保温后的等效热交换系数 $\beta_s = 1.241kJ/（m^2 \cdot h \cdot ℃）$，全年保温。在约束区（高程624.0～665.0m）和6—8月的施工部位埋冷却水管，水管排间距1.5m×1.5m，浇筑后2.0d通水，通水水温为河水温度，通水历时15d。高程645.0m（第一年11月1日至第二年3月31日）和高程699.0m（第二年11月1日至第三年3月31日）长间歇，其间越冬层面也采取保温。

浇筑温度如下：强约束区（高程624.0～645.0m）≤12℃；弱约束区（高程645.0～665.0m）≤15℃；其他部位≤18℃。若浇筑温度比当月平均气温加3℃（考虑太阳辐射的影响）高，则取平均气温加3℃为浇筑温度。

5.1.2　溢流坝段稳定温度场

根据水库上、下游正常水位及水温分布以及坝址年平均气温，与空气接触的坝面的环境温度取为年平均气温，与水接触的坝面的温度随水深而变化，取为不同水深的年平均水温。计算得到溢流坝段稳定温度场如图5-3所示，稳定温度约7℃。稳定温度场计算结果符合一般规律。

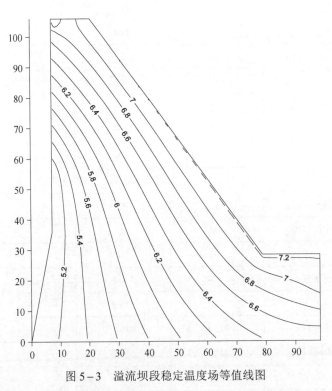

图5-3　溢流坝段稳定温度场等值线图

5.1.3　温度场计算成果及分析

表5-2为溢流坝段不同高程区域内最高温度，图5-4～图5-12为溢流坝段中横剖面典

型时刻温度等值线图，图 5-13、图 5-14 为溢流坝段施工期及运行期最高、最低温度历时曲线图。由计算成果可知：

（1）高程 624.0～625.0m 常态混凝土垫层区，该部位为基础强约束区，因采取通仓薄层浇筑方法，层厚仅 1m，故散热条件好，该常态混凝土垫层区最高温度为 21.57℃。按规范要求，当常态混凝土极限拉伸值不低于 0.85×10^{-4}，浇筑块长边长度 40m 以上时，基础强约束区基础容许温差为 16℃，该部位的稳定温度约为 7℃，则该部位的最高温度允许达到 23℃。由此可知溢流坝段常态混凝土垫层区最高温度满足规范要求。

（2）高程 625.0～645.0m 内，溢流坝段局部点最高温度达 33.24℃，出现在上下游侧高标号常态混凝土中。中部碾压混凝土最高温度未超过基础容许温差，基本满足规范要求。

（3）高程 665.0～745.5m 内，溢流坝段局部点最高温度达 51.45℃，出现在溢流坝坝体下游抗冲耐磨层 C40 混凝土中，主要原因是其绝热温升大。

（4）高温区出现在 6—8 月份施工的部位，低温区出现在冬季停工季节以及 4 月份和 10 月份浇筑的部位。这是因为高温季节混凝土入仓温度高，外界气温高（20～22℃），散热条件差，导致坝体中心温度高；低温季节混凝土入仓温度低，外界气温低（5～7.2℃），散热条件好，坝体中心温度低。冬季停工季节，外界气温很低，最低达 -20.6℃，靠近坝块表面温度与其他部位相比较低。

（5）采用 8cm 厚的 XPS 挤塑板保温材料进行保温，保温后的等效热交换系数 β_s=1.241kJ/(m^2·h·℃)，混凝土浇筑初凝后开始保温，全年保温。经温控仿真计算，坝体温度和应力的情况得到改善，可见采取 8cm 厚的 XPS 挤塑板保温材料进行保温是有效的，但坝体表面最低温度在最寒冷的月份仍然在 -3.0℃ 左右。

表 5-2　　　　　　　　　　　　溢流坝段不同高程区域内最高温度

部位（m）	最高温度（℃）	出现位置（m）		出现时间（d）
		顺水流方向坐标	铅直方向坐标	
基础垫层区	21.57	10.05	1.2	105
高程 625～645	33.24	5.51	5.7	140
高程 645～665	35.28	68.57	37.2	425
高程 665～730.0	51.45	38.11	79.8	825

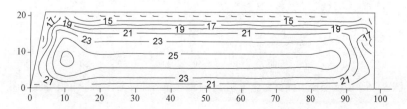

图 5-4　溢流坝段中横剖面施工期 7 月末（第一年 11 月 1 日）温度等值线图

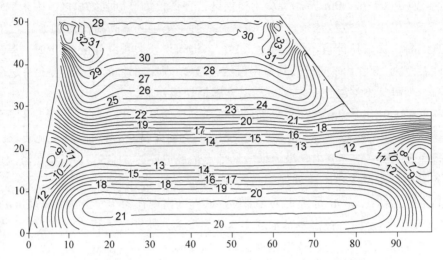

图 5-5　溢流坝段中横剖面施工期 16 月末（第二年 8 月 1 日）温度等值线图

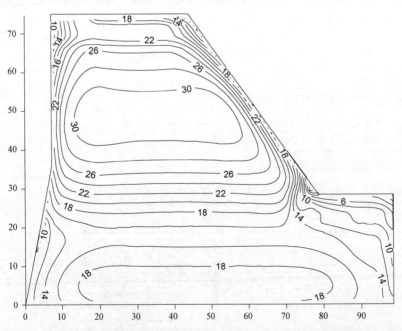

图 5-6　溢流坝段中横剖面施工期 21 月末（第三年 2 月 1 日）温度等值线图

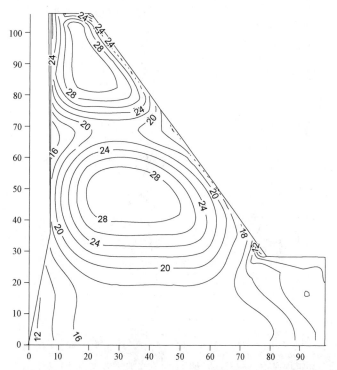

图 5−7　溢流坝段中横剖面施工期 27 月末（第三年 8 月 6 日）温度等值线图

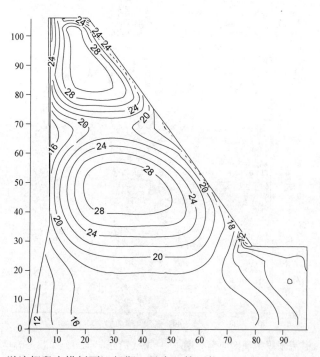

图 5−8　溢流坝段中横剖面运行期 5 月末（第三年 12 月 31 日）温度等值线图

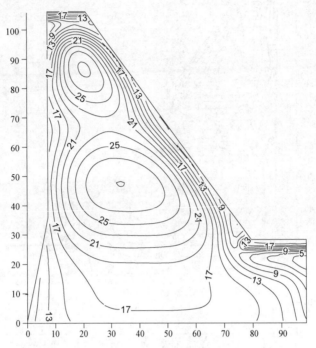

图 5-9　溢流坝段中横剖面运行期 11 月末（第四年 7 月 1 日）温度等值线图

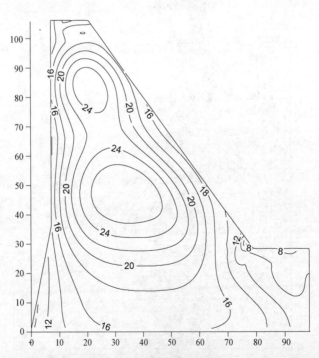

图 5-10　溢流坝段中横剖面运行期 17 月末（第四年 12 月 31 日）温度等值线图

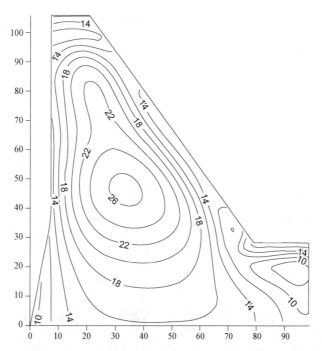

图 5-11 溢流坝段中横剖面运行期 23 月末（第五年 7 月 1 日）温度等值线图

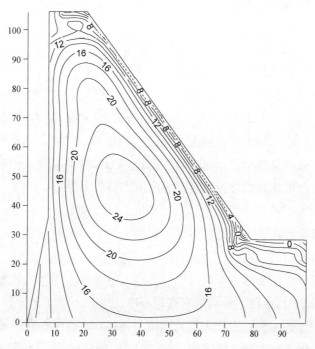

图 5-12 溢流坝段中横剖面运行期 29 月末（第五年 12 月 31 日）温度等值线图

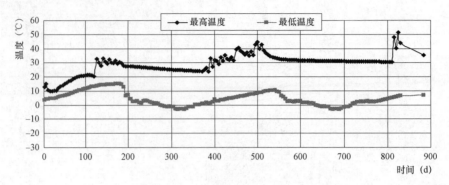

图 5-13　溢流坝段施工期最高、最低温度历时曲线图

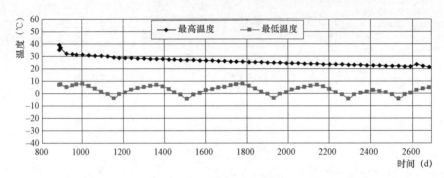

图 5-14　溢流坝段运行期最高、最低温度历时曲线图

5.1.4　应力场计算成果及分析

图 5-15～图 5-17 为溢流坝段中横剖面典型点三个方向温度应力包络线图。表 5-3 为溢流坝段施工期及运行期温度应力最大值表。由计算成果可知：

（1）溢流坝段基础常态混凝土垫层的温度应力，施工期最大温度应 σ_{zmax} 为 3.38MPa，运行期最大温度应力 σ_{ymax} 为 2.28MPa，σ_{zmax} 为 2.63MPa。坝体常态混凝土垫层部位出现较大的拉应力区的主要原因是施工期需要在垫层上面进行坝基固结灌浆，造成垫层混凝土长间歇，在外温变化及基岩约束双重作用下，出现较大的拉应力。计算温度应力时未考虑坝体混凝土自重的影响，若考虑自重计算综合应力时，竖向应力将有所减小。

（2）溢流坝段坝体下游面抗冲耐磨层局部部位的施工期最大温度应力 σ_{zmax} 为 3.38MPa，温度应力较大的主要原因是下游面抗冲耐磨层混凝土标号高，绝热温升大（达 52.33℃），由于温降产生的拉应力大。

（3）坝体因为在冬季无法施工长时间停歇而造成越冬面，坝体在高程 645m（第一年 11 月 1 日至第二年 3 月 31 日停浇）长间歇和高程 699m（第二年 11 月 1 日至第三年 3 月 31 日停浇）长间歇时，坝体的温度应力较大。长间歇面 645.0m 高程附近的最大温度应力 σ_{ymax} 为 2.01MPa，699.0m 高程附近的最大温度应力 σ_{ymax} 为 2.19MPa。坝体长间歇层面部位出现较大的拉应力区的主要原因是冬季长时间停歇而造成越冬面，尤其是上下游棱角部位超冷，产生过大的上下层温差，加之内表温差的作用，在越冬面出现较大的拉应力。

（4）溢流坝段施工期和运行期最大温度应力出现在坝基面和长间歇面附近，且出现的时间均在冬季低温季节。

（5）经温控仿真计算，溢流坝段坝体应力大部分区域可控制在允许应力范围内，说明所采取的温控措施有效。但坝体的个别点（基础面、越冬层面及坝踵、坝趾部位）及表面、结构变化部位的拉应力仍然超标，特别是越冬层面，需要采取专门的温控防裂措施。

表 5-3 溢流坝段施工期及运行期温度应力最大值表

温度应力		应力最大值（MPa）	出现位置（m）			出现时间（d）
			X	Y	Z	
施工期	σ_{xmax}	0.75	7.50	25.64	75.00	619.0
	σ_{ymax}	2.19	0.00	25.64	75.00	724.0
	σ_{zmax}	3.38	3.75	97.40	1.20	363.0
运行期	σ_{xmax}	1.31	7.50	13.91	105.90	916.0
	σ_{ymax}	2.28	7.50	98.33	0.00	2533.0
	σ_{zmax}	2.63	3.75	98.33	0.00	2533.0

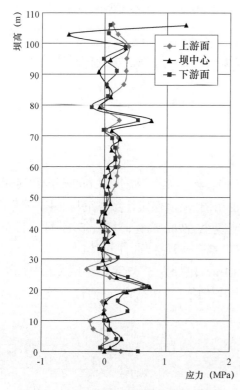

图 5-15 溢流坝段中横剖面典型点温度
应力 σ_{xmax} 包络线图

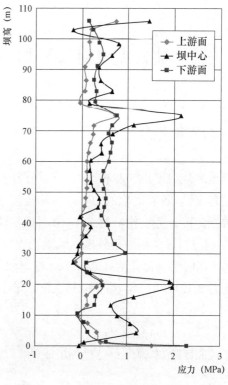

图 5-16 溢流坝段中横剖面典型点温度
应力 σ_{ymax} 包络线图

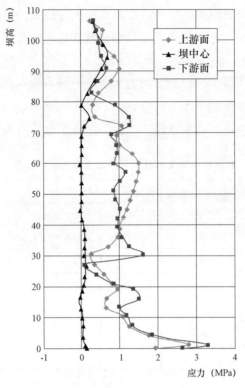

图 5-17 溢流坝段中横剖面典型点温度应力 $\sigma_{z\max}$ 包络线图

5.2 缺口度汛对溢流坝段温度场与应力场的影响研究

5.2.1 计算模型及方案

溢流坝缺口度汛计算模型与溢流坝段的计算模型完全相同,当浇筑到 699m 高程时预留缺口进行度汛。计算时取的边界条件和溢流坝段的也相同。溢流坝段计算方案与 5.1.1 节相同。

根据进度计划安排,第二年 10 月底溢流坝段浇筑至 699m 高程,第二年 11 月 1 日至第三年 3 月 31 日停浇由于外界气温太低而停浇越冬。第三年坝体临时断面挡水度汛的标准取 $P=1\%$,相应洪峰流量为 4524m³/s,度汛水位 707.41m,汛期为 5—7 月,缺口过水时间为第三年 5 月 1 日至第三年 6 月 30 日。第三年 7 月考虑开始施工度汛缺口,7 月底浇筑至 711.0m 高程。

5.2.2 温度场计算成果及分析

图 5-18~图 5-24 为溢流坝段缺口度汛中横剖面典型时刻温度等值线图。由计算成果

可知：

（1）第二年 10 月底溢流坝段浇筑至度汛高程 699m，第二年 11 月 1 日至第三年 3 月 31 日大坝冬季停浇。4 月份外界气温回升，4 月下旬外界气温为 10℃左右，5 月份平均气温为 14.9℃，6 月份平均气温为 20.3℃。而河水平均温度 5 月份为 10.2℃，6 月份为 14.0℃，第三年 5 月 1 日至 6 月 30 日溢流坝缺口度汛。由此可知度汛时河水温度与混凝土表面温度相差最大约 6℃。

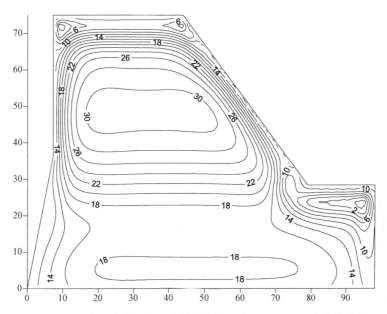

图 5-18　溢流坝段度汛缺口中横剖面第三年 5 月 1 日温度等值线图

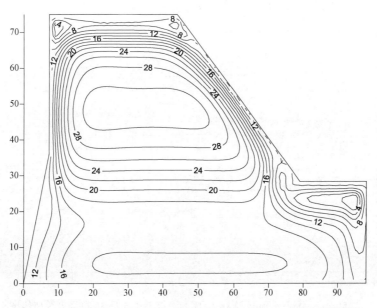

图 5-19　溢流坝段度汛缺口中横剖面第三年 5 月 10 日温度等值线图

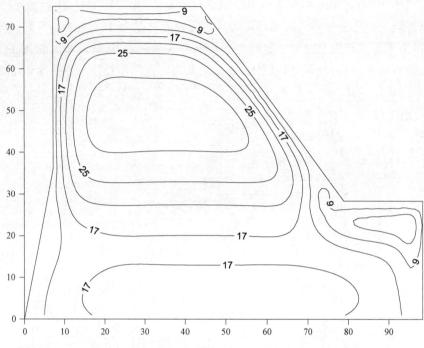

图 5-20　溢流坝段度汛缺口中横剖面第三年 5 月 20 日温度等值线图

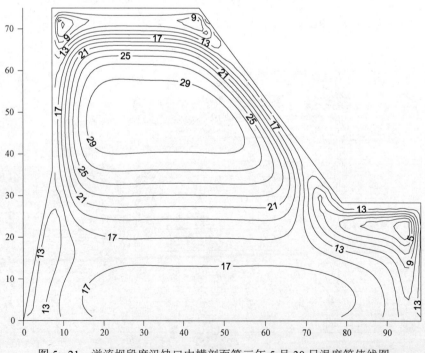

图 5-21　溢流坝段度汛缺口中横剖面第三年 5 月 30 日温度等值线图

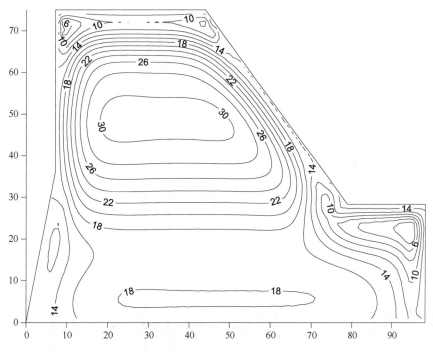

图 5-22　溢流坝段度汛缺口中横剖面第三年 6 月 10 日温度等值线图

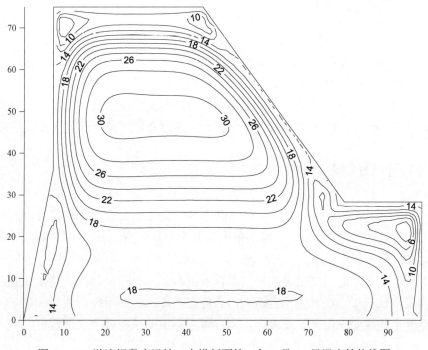

图 5-23　溢流坝段度汛缺口中横剖面第三年 6 月 20 日温度等值线图

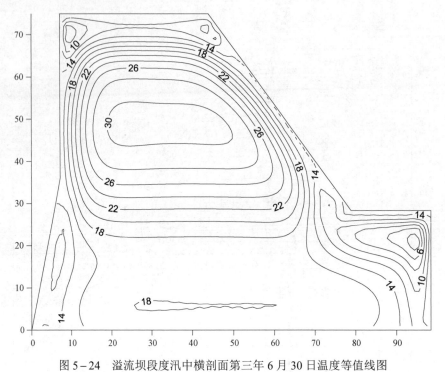

图 5-24　溢流坝段度汛中横剖面第三年 6 月 30 日温度等值线图

（2）由等值线图可知，溢流坝预留度汛缺口度汛时，坝体温度受表面水温影响的深度大约为 6m。这与边界条件对混凝土的影响深度相符合。

（3）为了使溢流坝预留度汛缺口能在施工期度汛，必须在洪水来之前的一段时间内停浇，以使混凝土有一定的强度来抵抗洪水的冲刷，此段时间即为施工进度中的度汛停浇。停浇后混凝土表面温度和外界气温基本相同。

（4）从温度等值线图可看出：坝体由表及里温度逐渐增大，靠近表面的温度梯度大，坝体内部的温度梯度小，其原因是度汛时整个坝体均在水位以下，坝体表层混凝土受库水温度的影响较大，而内部混凝土所受影响较小。坝体内部最高温度值仅与混凝土浇筑温度和龄期有关，随着时间的推移，坝体内部同一部位的温度逐渐降低，但降温速度比较缓慢。

5.2.3　应力场计算成果及分析

图 5-25～图 5-27 为溢流坝段缺口度汛中横剖面典型点三个方向温度应力包络线图，图 5-28～图 5-36 为不同高程水平截面最大温度应力分布图。表 5-4 为溢流坝段缺口度汛期温度应力最大值表。

坝体混凝土温度升高主要是由外界气温以及混凝土水化热引起的，当水温相对较低的河水通过坝体度汛缺口时，将对坝体度汛缺口表面造成冷击，并可能产生表面裂缝，又因过水时间短，混凝土的徐变作用来不及发挥，而此时混凝土的抗拉强度又比较低，更易于发生表面裂缝。

由溢流坝缺口度汛温度场仿真计算成果分析可知，坝体温度受表面水温影响的深度大约为 6m，因此坝体应力的过水与不过水情况相比较，不同也只发生在距混凝土表面 6m 的范围内，因此着重分析此范围内的应力。计算表明，最大表面冷击拉应力出现在度汛的初期，度汛缺口大部分区域的拉应力值均较小，总的趋势是从内到外表面拉应力增大。

（1）溢流坝缺口度汛温度应力温度应力 $\sigma_{x\max}$ 为 1.06MPa，$\sigma_{y\max}$ 为 2.21MPa，$\sigma_{z\max}$ 为 1.88MPa。可以看出，Y、Z 方向的温度应力较大，应对度汛缺口表面混凝土进行防护。

（2）溢流坝缺口度汛温度应力沿高度方向的分布与温度场的分布基本相吻合，高温区温度应力大，低温区温度应力相对较小。

（3）从不同高程水平截面应力图可以看出：三个方向的温度应力越是靠近混凝土表面，应力越大，因此表面较易出现裂缝，对表面进行防护是很有必要的。

表 5-4   溢流坝段缺口度汛期温度应力最大值表

温度应力	应力最大值 （MPa）	出现位置（m）			出现时间（d）
		X	Y	Z	
$\sigma_{x\max}$	1.06	7.50	31.29	75.00	752.0
$\sigma_{y\max}$	2.21	3.75	21.41	75.00	752.0
$\sigma_{z\max}$	1.88	0.00	7.20	74.80	752.0

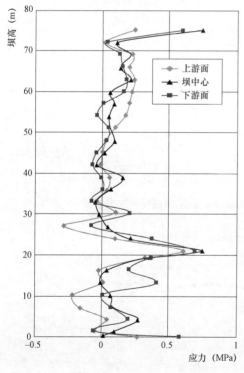

图 5-25 溢流坝段缺口度汛中横剖面典型点
温度应力 $\sigma_{x\max}$ 包络线图

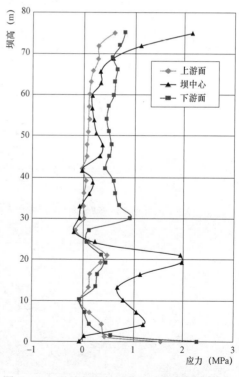

图 5-26 溢流坝段缺口度汛中横剖面典型点
温度应力 $\sigma_{y\max}$ 包络线图

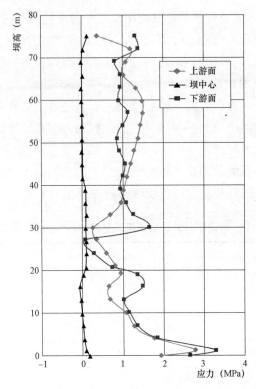

图 5-27　溢流坝段缺口度汛中横剖面典型点温度应力 σ_{zmax} 包络线图

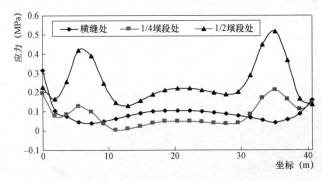

图 5-28　溢流坝段缺口度汛 693.0m 高程水平截面 X 向温度应力分布图

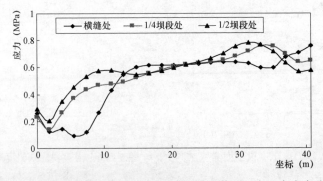

图 5-29　溢流坝段缺口度汛 693.0m 高程水平截面 Y 向温度应力分布图

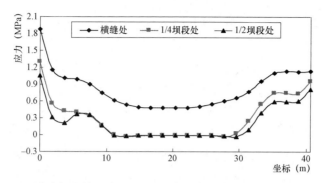

图 5-30 溢流坝段缺口度汛 693.0m 高程水平截面 Z 向温度应力分布图

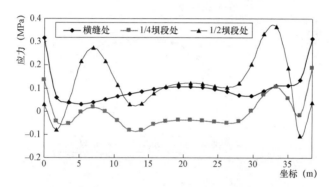

图 5-31 溢流坝段缺口度汛 696.0m 高程水平截面 X 向温度应力分布图

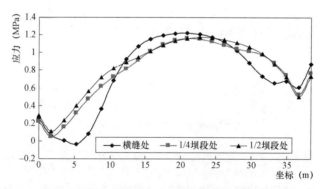

图 5-32 溢流坝段缺口度汛 696.0m 高程水平截面 Y 向温度应力分布图

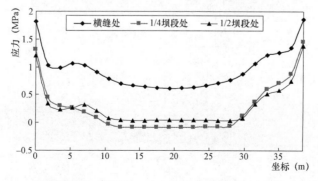

图 5-33 溢流坝段缺口度汛 696.0m 高程水平截面 Z 向温度应力分布图

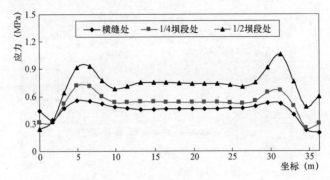

图 5-34　溢流坝段缺口度汛 699.0m 高程水平截面 X 向温度应力分布图

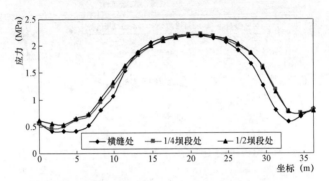

图 5-35　溢流坝段缺口度汛 699.0m 高程水平截面 Y 向温度应力分布图

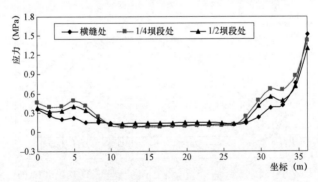

图 5-36　溢流坝段缺口度汛 699.0m 高程水平截面 Z 向温度应力分布图

6 严寒地区碾压混凝土重力坝有孔坝段温控仿真研究

6.1 碾压混凝土重力坝有孔坝段浮动网格法

三维有限元浮动网格法仿真程序前处理在进行单元剖分时，根据实际的施工进度，将连续浇筑的同一升程内的若干薄层在坝高方向处理为一大单元，按大单元生成单元节点信息，计算过程中薄层小单元的节点信息由大单元节点信息通过坐标变换生成。由于不同升程的浇筑高度不一定相同，因此计算单元在坝高方向尺寸不一定相同。

对于标准坝段，在进行单元剖分时，为了满足浮动要求，必须在坝顶设一些单元（见图6-1），这些单元只是在浮动过程中用到，具有单元号和单元结点编码，当薄层小单元全

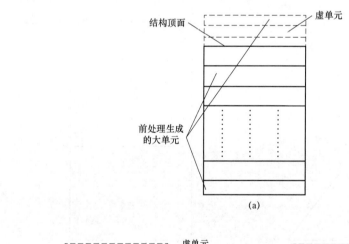

(a)

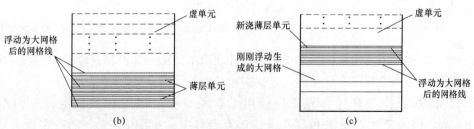

(b)　　　　　　　　　　　　(c)

图6-1 沿坝高方向网格浮动图

（a）标准坝段前处理生成的仿真计算沿坝高方向的单元分布图；（b）浮动前单元模型；（c）浮动后单元模型

部浮动为大单元后，这些单元将不再存在。这些单元不再是实际意义上的物理单元，而是逻辑意义上的"虚单元"。在仿真模型中，虚单元个数等于尚未合并的薄层单元所能形成的大单元个数与尚未合并的薄层单元数之差。只有这样，才能确保通过坐标变换得到小单元的单元信息正确。

在碾压混凝土坝有孔坝段的温度场和应力场仿真计算中，浮动网格法求解已经获得较完美的解决，因此单元剖分就成为阻碍浮动网格法应用的主要问题，是浮动网格法推广应用的瓶颈问题。有孔坝段的单元剖分直接关系到浮动网格法仿真计算能否实现。

混凝土坝有孔坝段的剖面形式不同于标准坝段（见图6-2），因此，单元剖分也存在明显的差异。混凝土坝有孔坝段沿坝高方向可分为三个区：孔口以下区域（Ⅰ区），孔口所在区域（Ⅱ区）和孔口以上区域（Ⅲ区）。Ⅰ区、Ⅱ区和Ⅲ区每层的单元数可能不相同，因此单元剖分应分别处理。对于Ⅰ区，在进行单元剖分时，在Ⅰ区的上方增加虚单元，虚单元的最大层数为Ⅰ区小单元层数与Ⅰ区大单元层数的差，虚单元的排列方向同标准坝段相反，采用向下延伸的方式；Ⅱ区虚单元排列的方向同Ⅰ区相同，也采用向下延伸的方式，但由于挑坎和泄水孔的存在，Ⅱ区每层的单元数少于Ⅰ区，虚单元的形式对应于实际单元，因此，Ⅱ区每层的虚单元数也少于Ⅰ区，虚单元的最大层数为Ⅱ区小单元层数与Ⅱ区大单元层数的差；Ⅲ区的单元剖分形式同标准坝段，单元连续排列，虚单元的排列方向采用向上延伸的方式，最大层数为Ⅲ区小单元层数与Ⅲ区大单元层数的差。具体的剖分形式如图6-3所示。

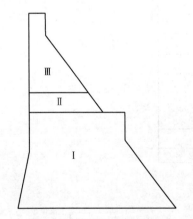 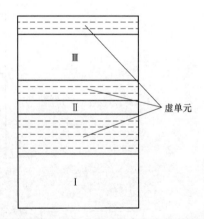

图6-2 有孔坝段横剖面图　　图6-3 有孔坝段前处理生成的沿坝高方向的单元分布图

虚单元概念的提出，使得碾压混凝土坝有孔坝段单元剖分和网格浮动得以实现，进而使得仿真计算有了正确的方向，避免走入寻找实际几何单元的误区。

浮动网格法温控仿真计算程序只适用于非溢流标准坝段和坝顶溢流等简单体型（见图6-4），但对于中孔泄流和底孔泄流等复杂体型（见图6-5），原程序则无法满足要求。

浮动网格法实现过程中需要处理的关键问题为：计算过程中薄层单元节点坐标的生成以

及浮动前后计算单元信息的变化。对于复杂泄水体型来说，由于挑坎和泄水孔的存在，使得网格浮动变得更为复杂，更难实现。为了满足浮动的需要，单元信息生成时不但在坝顶和挑坎处而且在泄水孔处也必须设有虚单元，这与普通挡水重力坝是不同的。在浮动过程中，挑坎和泄水孔处浮动的规律与坝顶处不同，因而浮动前后节点的赋值规律不同，必须分别对待。在生成后处理所需的信息文件时，与普通挡水重力坝也不同。

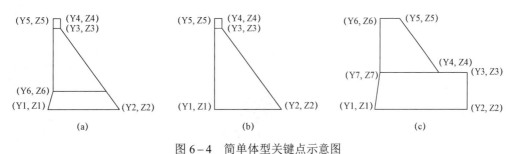

图 6-4　简单体型关键点示意图
（a）非溢流标准剖面 1；（b）非溢流标准剖面 2；（c）溢流坝剖面

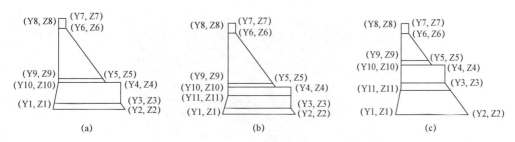

图 6-5　复杂体型关键点示意图
（a）泄水底孔剖面 1；（b）泄水底孔剖面 2；（c）泄水中孔剖面

边界条件处理过程中需要解决的关键问题为：计算过程中模拟泄水坝段泄水工况和不泄水工况以及保温工况和不保温工况。复杂泄水体型边界条件处理不同于标准坝段，对于标准坝段，在处理边界条件时，只需要处理坝段的上下游边界及施工顶边界，而对于有泄水孔的坝段，在处理边界时，不仅要处理上下游边界及施工顶边界，同时还要处理泄水孔的周边界。处理泄水孔的周边界需要考虑不同的工况。首先是泄水工况和不泄水工况，在泄水工况下，孔的周边界应采用水边界进行边界条件计算，在不泄水工况下，应采用气边界进行计算。

6.2　碾压混凝土重力坝底孔坝段温控仿真计算

6.2.1　计算模型及方案

放空底孔布置一孔，用以放水、放空并参与施工期后期导流，坝段宽 15m。底孔坝段进水口突出坝面 5m，坝体局部伸出牛腿布置进水口闸墩。坝体断面上游面垂直，下游坝坡为 1:0.75，基础底高程 624.00m，坝高 121.5m，放空底孔采用有压孔口出流，底板高程 660.00m，孔身 4×5m，出口 4×4m。

根据底孔坝段体型建立三维有限元温控仿真计算程序，整体坐标系的坐标原点在坝段左坝踵处，坝轴线指向右岸为 X 轴正向，下游方向为 Y 轴正向，铅直向上为 Z 轴正向。底孔坝段计算模型如图 6−6 所示。

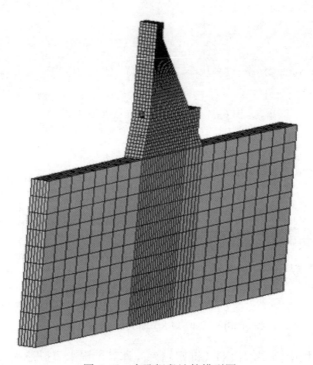

图 6−6　底孔坝段计算模型图

温度场计算中边界条件的选取：地基底面和 4 个侧面以及坝段横缝为绝热边界。坝体上下游面在水位以上为固−气边界，水位以下为固−水边界。固−气边界按第三类边界条件处理，固−水边界按第一类边界条件处理。应力场计算中取整个坝段进行计算，边界条件的选取：地基底面按固定支座处理，地基侧面按法向简支处理，其余为自由边界。

底孔坝段计算方案如下：碾压混凝土浇筑初凝后开始保温，保温材料为 8cm 厚的聚苯乙烯泡沫板，保温后的等效热交换系数 β_s=1.241kJ/（$m^2 \cdot h \cdot ℃$），全年保温。在约束区（高程 624.0～665.0m）和 6—8 月份的施工部位埋冷却水管，水管排间距 1.5m×1.5m，浇筑后 2.0d 通水，通水水温为河水温度，通水历时 15d。高程 645.0m（第一年 11 月 1 日至第二年 3 月 31 日）和高程 699.0m（第二年 11 月 1 日至第三年 3 月 31 日）长间歇，其间越冬层面也采取保温。施工期第二年汛末，导流洞下闸，第二年 9 月份至第三年 4 月份，底孔过水；运行期底孔不过水，冬季进入枯水期，孔前平板门挡水，孔内水排空，关闭后弧门，并对后弧门及孔内采用保温措施，保证孔内温度不低于 2.8℃。

浇筑温度为：强约束区（高程 624.0～645.0m）≤12℃；弱约束区（高程 645.0～665.0m）≤15℃；其他部位≤18℃。若浇筑温度比当月平均气温加 3℃（考虑太阳辐射的影响）高，则取平均气温加 3℃为浇筑温度。

底孔坝段混凝土浇筑进度及浇筑温度见表 6-1。

表 6-1　　　　　　　　　　底孔坝段混凝土浇筑进度及浇筑温度

序号	浇筑开始时间	浇筑底高程（m）	浇筑顶高程（m）	浇筑高差（m）	浇筑温度（℃）
1	第一年 4 月 1 日	624.0	625.0	1.0	6.5
2	第一年 8 月 1 日	625.0	628.0	3.0	12.0
3	第一年 8 月 15 日	628.0	631.0	3.0	12.0
4	第一年 8 月 29 日	631.0	634.0	3.0	12.0
5	第一年 9 月 13 日	634.0	637.0	3.0	12.0
6	第一年 9 月 27 日	637.0	640.0	3.0	12.0
7	第一年 10 月 11 日	640.0	643.0	3.0	8.3
8	第一年 10 月 25 日	643.0	645.0	2.0	5.2
9	第一年 11 月 1 日至第二年 3 月 31 日越冬停浇				
10	第二年 4 月 1 日	645.0	648.0	3.0	6.5
11	第二年 4 月 13 日	648.0	651.0	3.0	11.0
12	第二年 4 月 25 日	651.0	654.0	3.0	13.0
13	第二年 5 月 7 日	654.0	657.0	3.0	15.0
14	第二年 5 月 19 日	657.0	660.0	3.0	15.0
15	第二年 6 月 1 日	660.0	663.0	3.0	15.0
16	第二年 6 月 13 日	663.0	666.0	3.0	15.0
17	第二年 6 月 25 日	666.0	669.0	3.0	18.0
18	第二年 7 月 7 日	669.0	672.0	3.0	18.0
19	第二年 7 月 19 日	672.0	675.0	3.0	18.0
20	第二年 8 月 1 日	675.0	678.0	3.0	18.0
21	第二年 8 月 13 日	678.0	681.0	3.0	18.0
22	第二年 8 月 25 日	681.0	684.0	3.0	18.0
23	第二年 9 月 7 日	684.0	687.0	3.0	18.0
24	第二年 9 月 19 日	687.0	690.0	3.0	17.1

序号	浇筑开始时间	浇筑底高程（m）	浇筑顶高程（m）	浇筑高差（m）	浇筑温度（℃）
25	第二年 10 月 1 日	690.0	693.0	3.0	11.2
26	第二年 10 月 13 日	693.0	696.0	3.0	8.3
27	第二年 10 月 25 日	696.0	699.0	3.0	5.2
28	第二年 11 月 1 日至第三年 3 月 31 日越冬停浇				
29	第三年 4 月 1 日	699.0	702.0	3.0	6.5
30	第三年 4 月 16 日	702.0	705.0	3.0	11.0
31	第三年 5 月 1 日	705.0	708.0	3.0	15.9
32	第三年 5 月 16 日	708.0	711.0	3.0	17.9
33	第三年 6 月 1 日	711.0	714.0	3.0	18.0
34	第三年 6 月 11 日	714.0	717.0	3.0	18.0
35	第三年 6 月 21 日	717.0	720.0	3.0	18.0
36	第三年 7 月 1 日	720.0	723.0	3.0	18.0
37	第三年 7 月 11 日	723.0	726.0	3.0	18.0
38	第三年 7 月 21 日	726.0	729.0	3.0	18.0
39	第三年 8 月 1 日	729.0	732.0	3.0	18.0
40	第三年 8 月 11 日	732.0	735.0	3.0	18.0
41	第三年 8 月 21 日	735.0	738.0	3.0	18.0
42	第三年 9 月 1 日	738.0	741.0	3.0	18.0
43	第三年 9 月 11 日	741.0	743.5	2.5	17.1
44	第三年 9 月 21 日	743.5	745.5	2.0	11.2

6.2.2 底孔坝段稳定温度场

根据水库上、下游正常水位、水温分布以及坝址年平均气温，与空气接触坝面的环境温度取为年平均气温，与水接触的坝面的温度随水深而变化，取为不同水深的年平均水温。计算所得底孔坝段坝体稳定温度场如图 6-7 所示，稳定温度约 7℃。稳定温度场计算结果符合一般规律。

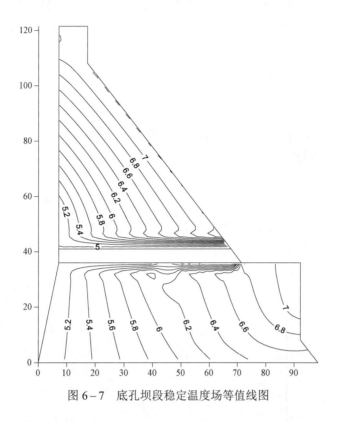

图6-7　底孔坝段稳定温度场等值线图

6.2.3　温度场计算成果及分析

根据碾压混凝土热力学试验参数、施工进度安排和碾压混凝土施工中采取的温控措施，对底孔坝段进行了施工期和运行期全过程温度场仿真计算。图6-8为底孔坝段典型剖面及特征点位置示意图，三个典型剖面为：1-1剖面距上游坝面3.0m，2-2剖面距上游坝面27.0m，3-3剖面距上游坝面51.0m。三个剖面特征点的位置：侧面点位于侧面中心的混凝土表面，顶点和底面点位于坝体混凝土深度为0.6m的中心处。图6-9～图6-14为底孔坝段典型剖面特征点施工期及运行期温度历时曲线。由计算成果可知：

（1）从整个底孔坝段温度场全过程仿真计算结果可以得出：底孔坝段最高温度为44.68℃，出现最高温度点的坐标为（$x=7.5m$，$y=9.9m$，$z=63.6m$），时间为施工期第542天。此处混凝土浇筑温度18℃，绝热温升33.84℃，浇筑时间为第二年9月中旬，外界气温相对较高（15.7℃），坝体散热条件相对较差，温度值最高。

（2）由温度历时曲线图可以看出，底孔附近的温度最高为35.3℃，出现的时间为施工期第415天，位置为底孔前端的底面。最高温度出现的部位混凝土浇筑时间为第二年5月下旬，浇筑温度为15℃，绝热温升33.84℃，并且6月份外界气温相对较高，坝体散热相对较差，因此，最高温度值也较大。

浇筑初期由于水化热的影响温度上升较快，随后缓慢降低，到运行期随外界温度变化而变化。温度历时曲线图中侧面点温度部分时间段呈台阶形变化，主要原因是水温按月平均值来模拟的。

（3）由底孔运行情况可知：底孔于施工期第二年9月至第三年4月过水，底孔周边温度随水温的变化而变化。由计算成果可知，底孔过水时水边界的影响深度为3～5m，符合一般规律。

（4）底孔坝段采用的坝面保温材料是8cm厚的XPS挤塑板，并且全年保温。冬季外界最低气温可达到－20.0℃以下，坝面采用保温材料后坝体表面最低温度为－3.42℃，说明采用XPS挤塑板保温效果很好。

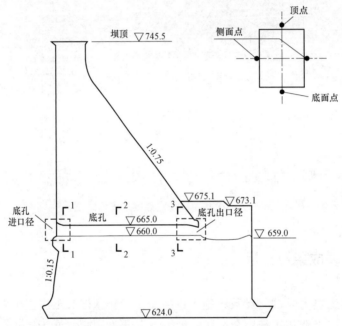

图6-8　底孔坝段典型剖面及特征点位置示意图

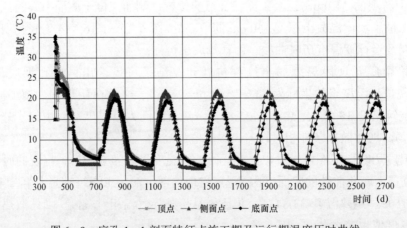

图6-9　底孔1-1剖面特征点施工期及运行期温度历时曲线

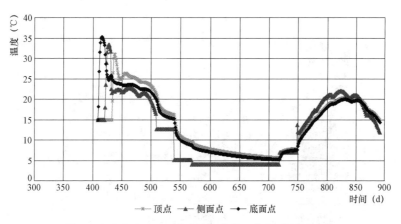

图 6-10 底孔 1-1 剖面特征点施工期温度历时曲线

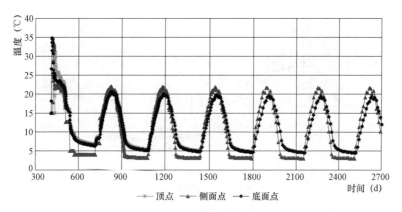

图 6-11 底孔 2-2 剖面特征点施工期及运行期温度历时曲线

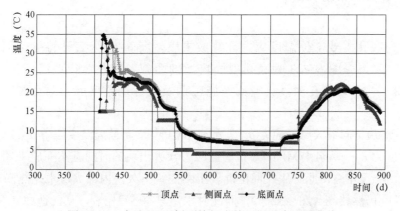

图 6-12 底孔 2-2 剖面特征点施工期温度历时曲线

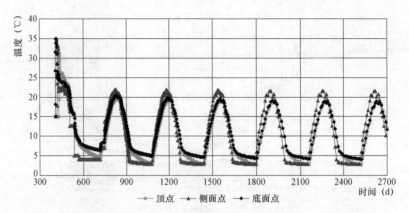

图 6-13 底孔 3-3 剖面特征点施工期及运行期温度历时曲线

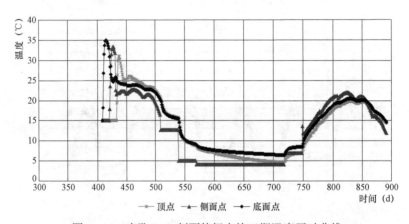

图 6-14 底孔 3-3 剖面特征点施工期温度历时曲线

6.2.4 应力场计算成果及分析

表 6-2 为底孔主要部位温度应力计算成果表，表 6-3 为底孔特征剖面温度应力计算成果表；图 6-15～图 6-23 为底孔坝段典型剖面施工期及运行期温度应力历时曲线，图 6-24～图 6-29 为底孔坝段典型剖面施工期及运行期温度应力路径图。由计算成果可知：

（1）底孔周边 x 向最大温度应力 σ_{xmax} 为 4.36MPa，y 向最大温度应力 σ_{ymax} 为 4.81MPa，z 向最大温度应力 σ_{zmax} 为 4.47MPa。底孔周边应力较大出现的时间基本在施工期 550 天左右，即底孔过水后 40 天左右，此时底孔部位混凝土刚浇筑不久，内部大量水化热尚未散发出去，混凝土中心温度仍然较高（26～32℃），而此时水温只有 5℃左右，从而造成底孔周边尤其是底孔顶部温度变化剧烈，温度梯度大，温度应力也大。

表6-2　　　　　　　　　底孔主要部位温度应力计算成果表　　　　　　单位：MPa

应力所在部位	应力值	第二年10月1日	第二年10月11日	第七年1月23日
进口顶板	$\sigma_{x\max}$	4.28	4.36	3.18
	$\sigma_{y\max}$	4.63	4.81	1.36
	$\sigma_{z\max}$	4.40	4.47	2.67
进口底板	$\sigma_{x\max}$	3.65	3.84	1.39
	$\sigma_{y\max}$	4.66	4.80	1.64
	$\sigma_{z\max}$	2.42	1.82	1.98
进口侧墙	$\sigma_{x\max}$	2.11	2.23	1.48
	$\sigma_{y\max}$	3.63	3.82	1.02
	$\sigma_{z\max}$	4.03	4.27	2.56
出口顶板	$\sigma_{x\max}$	4.18	4.32	2.75
	$\sigma_{y\max}$	3.24	3.46	1.28
	$\sigma_{z\max}$	3.06	3.19	0.71
出口底板	$\sigma_{x\max}$	3.14	2.88	0.90
	$\sigma_{y\max}$	2.73	2.89	1.08
	$\sigma_{z\max}$	0.72	0.52	0.46
出口侧墙	$\sigma_{x\max}$	1.70	1.44	1.06
	$\sigma_{y\max}$	2.15	2.24	0.87
	$\sigma_{z\max}$	1.92	2.07	0.42

（2）由温度应力历时曲线图可以看出，底孔部分在施工期因过水引起的应力大于运行期冬季由于外界气温降低而导致的应力，由此可以看出施工期底孔过水对于底孔温控防裂非常不利。

（3）由温度应力成果图可以看出，三个方向温度应力在底孔周边3m范围内均较大，而且变化梯度也较大，远离底孔的部位应力较小而且变化较缓。这主要是受底孔周边的边界条件所影响的，与温度场的计算结果是相吻合的。

（4）在底孔横剖面的顶面两尖角处应力（尤其是 x 向应力）集中严重，这主要是由底孔的断面形式引起的，建议优化底孔横剖面断面形式。

表 6-3 底孔特征剖面温度应力计算成果表 单位：MPa

应力所在部位	应力值	第二年 10 月 1 日	第二年 10 月 11 日	第七年 1 月 23 日
1-1 剖面	σ_{xmax}	3.78	3.92	1.65
	σ_{ymax}	2.74	2.78	2.33
	σ_{zmax}	2.84	3.06	2.86
2-2 剖面	σ_{xmax}	3.85	3.98	2.83
	σ_{ymax}	4.12	4.28	2.96
	σ_{zmax}	3.88	4.23	3.22
3-3 剖面	σ_{xmax}	3.65	3.77	2.26
	σ_{ymax}	3.70	3.85	2.36
	σ_{zmax}	3.12	3.41	1.62

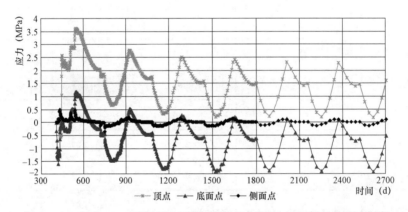

图 6-15 底孔 1-1 剖面特征点施工期及运行期 X 向温度应力历时曲线

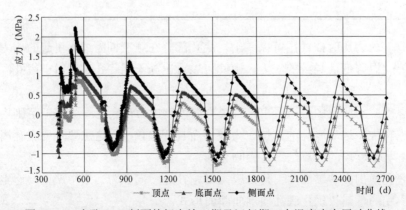

图 6-16 底孔 1-1 剖面特征点施工期及运行期 Y 向温度应力历时曲线

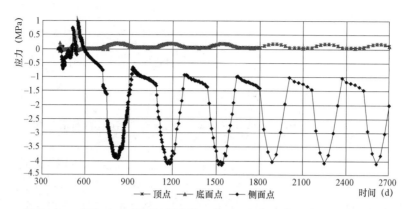

图 6-17　底孔 1-1 剖面特征点施工期及运行期 Z 向温度应力历时曲线

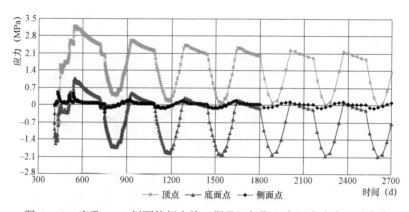

图 6-18　底孔 2-2 剖面特征点施工期及运行期 X 向温度应力历时曲线

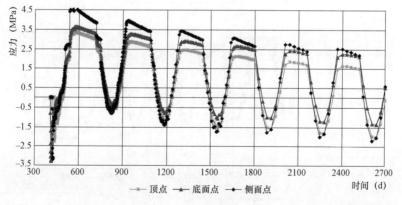

图 6-19　底孔 2-2 剖面特征点施工期及运行期 Y 向温度应力历时曲线

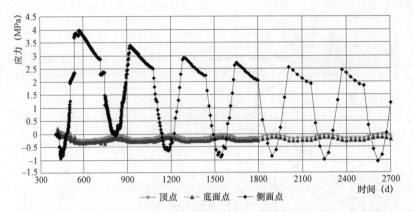

图 6-20 底孔 2-2 剖面特征点施工期及运行期 Z 向温度应力历时曲线

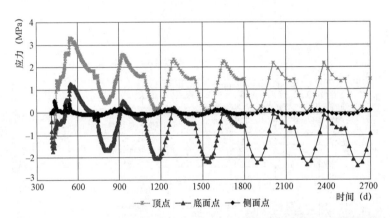

图 6-21 底孔 3-3 剖面特征点施工期及运行期 X 向温度应力历时曲线

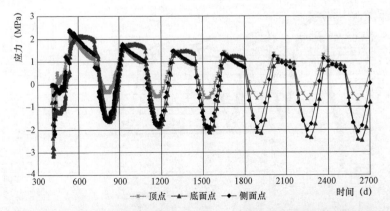

图 6-22 底孔 3-3 剖面特征点施工期及运行期 Y 向温度应力历时曲线

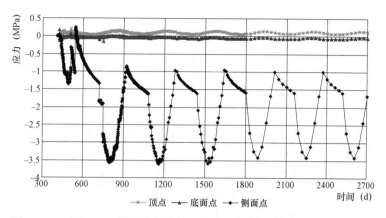

图 6-23　底孔 3-3 剖面特征点施工期及运行期 Z 向温度应力历时曲线

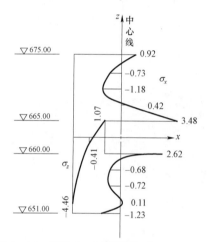

图 6-24　底孔 1-1 剖面第二年
10 月 1 日温度应力路径图

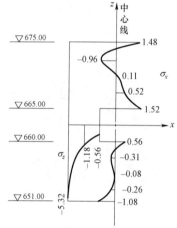

图 6-25　底孔 1-1 剖面第七年
1 月 23 日温度应力路径图

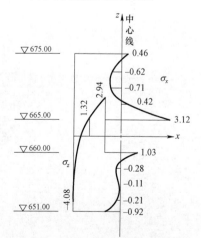

图 6-26　底孔 2-2 剖面第二年
10 月 1 日温度应力路径图

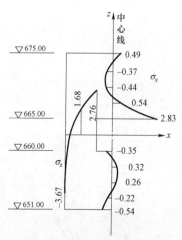

图 6-27　底孔 2-2 剖面第七年
1 月 23 日温度应力路径图

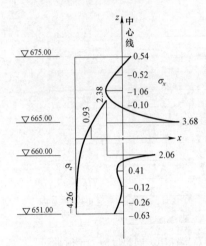

图6-28　底孔3-3剖面第二年
10月1日温度应力路径图

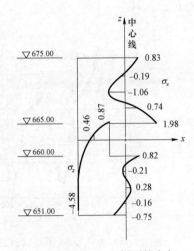

图6-29　底孔3-3剖面第七年
1月23日温度应力路径图

7 严寒地区碾压混凝土重力坝越冬层面保温效果研究

大体积混凝土中出现的裂缝大部分为表面裂缝，在这些表面裂缝中，有小部分可能会发展成为深层裂缝或贯穿性裂缝，进而影响结构的整体安全性和耐久性，危害很大。工程实践表明，引起大体积混凝土表面出现裂缝的主要原因是环境温度急剧降低，引发表层混凝土温度下降并产生收缩变形，而混凝土内部温度变化甚少，内外相互约束致使表面裂缝出现。

表面保温是减少大体积混凝土表面裂缝行之有效的方法，如湖北丹江口大坝混凝土在施工过程中曾采用草袋作为保温材料，以 1968 年 11 月逐日检查结果为例，在遭遇气温骤降的 30 个浇筑层中，有 16 层进行了表面保温，仅 1 层出现了表面裂缝；其余 14 层未做表面保温，结果有 9 层出现了表面裂缝。保温后使表面裂缝的平均发生率由不保温的 64%下降至 6%，可见采用表面保温方法来减少表面裂缝效果非常显著[39]。

在严寒地区修建碾压混凝土重力坝，由于每年 10 月底至翌年 4 月初外界气温太低而不适宜浇筑混凝土，10 月底浇筑的碾压混凝土顶面即为越冬层面。除了在气温骤降、寒潮频发的季节做好表面保温以减少表面裂缝的产生外，还须特别注重越冬层面的保护。冬季长间歇期间，如果越冬层面上未采取专门的防护措施，势必导致其下部一定范围内的混凝土温度极低，恢复混凝土浇筑时，越冬层面上、下层混凝土温差较大，加之混凝土内表温差的作用以及下部混凝土较强的约束能力，越冬层面及其周围混凝土中将产生较大的拉应力。当拉应力超过碾压混凝土的抗拉强度时，越冬层面就会出现水平裂缝。实践证明，严寒地区修建碾压混凝土坝越冬层面水平裂缝最为严重。解决这一问题的最好办法，就是在冬季长间歇期间越冬层面上采取严格的保温措施，以减小越冬层面上、下层混凝土的温差，进而减小温度应力，以达到防止越冬层面出现水平裂缝的目的。

保温材料的保温性能越好，碾压混凝土受外界气温的影响就越小，因此保温材料的保温效果计算显得尤为重要。在我国，大体积混凝土温度场与温度徐变应力场数值仿真计算的历史由来已久，表面保温效果的计算方法也较多，本章在充分分析现有保温效果计算方法后，提出采用热－结构耦合壳单元来模拟大体积混凝土表面（包括越冬层面）保温材料的保温效果，以期达到预期效果。

7.1 表面保温效果计算方法分析

大体积混凝土表面覆盖保温材料能有效减少混凝土表面裂缝的产生[40]，但如果保温材料厚度不够，保温效果差，混凝土表面仍然会出现大量裂缝，达不到预期效果；若保温材料太厚，虽然表面保温效果好，可大大减小混凝土初期内、外温差和表面拉应力，以防止表面裂缝的产生，但同时也会增大混凝土内部早期温升和后期温降的幅度，使得混凝土内部后期拉应力增加，可能在混凝土内部出现危害性更大的贯穿性裂缝。此外，保温材料太厚会增加工程的建设成本，造成不必要的浪费。保温材料的铺设时间和拆除时间也会直接影响表面裂缝的产生。因此，如何合理确定保温材料的厚度及铺设、拆除时间，使得表面保温措施既能最大限度地减少混凝土表面裂缝的产生，又不致使混凝土内部后期拉应力超过其允许值，且使得工程成本最低，不少高校、科研院所对此进行了专门研究，提出了表面保温的数值模拟计算方法[10,41-46]，归纳起来主要有以下三种。

7.1.1 等效表面散热系数法

当混凝土表面覆盖有保温材料时，其边界仍然按照第三类边界条件来处理，考虑保温材料的保温效果后计算出边界面上的等效表面散热系数。目前计算保温材料等效表面散热系数公式有两个[10,47]：

$$\beta_s = \frac{K}{0.05 + \sum (h_i / \lambda_i)} \qquad (7-1)$$

式中　K ——修正系数，与保温材料的密封情况、风速有关，一般取值 1.3～1.6；

　　　h_i ——保温材料的厚度，m；

　　　λ_i ——保温材料的导热系数，kJ/（m·h·℃）。

$$\beta_s = \frac{1}{R_s} = \frac{1}{(1/\beta) + \sum (h_i / \lambda_i)} \qquad (7-2)$$

式中　β ——保温材料在空气中的散热系数，kJ/（m²·h·℃）；

　　　R_s ——保温材料的总热阻；

　　　λ_i ——保温材料的导热系数，kJ/（m·h·℃）；

　　　h_i ——保温材料的厚度，m。

若保温材料厚度为 1cm，导热系数为 0.125 6kJ/（m·h·℃），在空气中的散热系数为 62.5kJ/（m²·h·℃）。按式（7-1）计算，假定保温材料密封良好，取修正系数 $K = 1.3$，则等效表面散热系数 $\beta_s = 10.03$ kJ/（m²·h·℃）；按式（7-2）计算，得等效表面散热系数 $\beta_s = 10.46$ kJ/

（m²·h·℃）。两式计算的差别主要取决于修正系数 K 和保温材料在空气中的散热系数 β，目前一般均按式（7-2）来计算。

7.1.2 等效厚度法

混凝土浇筑后表面铺设保温材料时，其边界条件仍然是第三类边界条件，边界上的温度 T 应满足

$$\lambda \frac{\partial T}{\partial n} + \beta_s (T - T_a) = 0 \qquad (7-3)$$

式中 λ ——保温材料的导热系数；

β_s ——保温材料的等效表面散热系数。

等效厚度法在考虑保温材料的保温效果时，将第三类边界条件进行近似处理。根据混凝土和保温材料的热学性能，将保温材料等效成一定虚厚度的混凝土，即将真实边界向外拓展得到一个虚边界，真实边界与虚边界间的距离即等效厚度

$$d = \frac{\lambda}{\beta_s} \qquad (7-4)$$

虚边界上施加环境温度，则真实边界处温度等于考虑了保温材料的保温效果后混凝土表面温度，如图 7-1 所示。

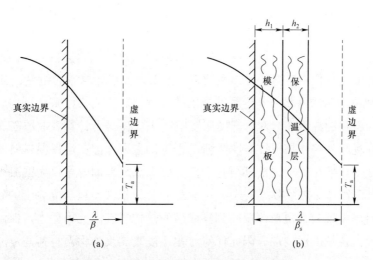

图 7-1   等效厚度法边界条件处理示意图

（a）表面裸露；（b）表面铺设保温材料

7.1.3 导热系数法

由固体热传导方程

$$\frac{\partial T}{\partial t} = a\left(\frac{\partial^2 T}{\partial x^2} + \frac{\partial^2 T}{\partial y^2} + \frac{\partial^2 T}{\partial z^2}\right) + \frac{\partial \theta}{\partial t} \tag{7-5}$$

可推导出温度场有限元方程

$$[H]\{T\} + [C]\frac{\partial\{T\}}{\partial \tau} = \{P\} \tag{7-6}$$

式中 $\{T\}$ ——节点温度列向量。

$[H]$、$[C]$、$\{P\}$ 为

$$\left.\begin{aligned}
[H] &= \sum_e\left\{\iiint_{\Delta R}[B_t]^{\mathrm{T}}[B_t]\mathrm{d}v + \frac{\beta}{\lambda}\iint_{\Delta s}[N]^{\mathrm{T}}[N]\mathrm{d}s\right\} \\
[C] &= \sum_e\left\{\frac{1}{a}\iiint_{\Delta R}[N]^{\mathrm{T}}[N]\mathrm{d}v\right\} \\
\{P\} &= \sum_e\left\{\iiint_{\Delta R}\frac{1}{a}[N]^{\mathrm{T}}\frac{\partial \theta}{\partial \tau}\mathrm{d}v + \frac{\beta T_a}{\lambda}\iint_{\Delta S}[N]^{\mathrm{T}}\mathrm{d}s\right\}
\end{aligned}\right\} \tag{7-7}$$

式中 a ——导温系数；

β ——表面散热系数；

λ ——导热系数；

θ ——混凝土的绝热温升。

由热传导方程式（7-5）可知，反映各种材料之间热传递的参数为导温系数 a，虽然推导出的温度场有限元方程中包含了导热系数 λ，但仅存在于计算域的边界 $\mathrm{d}s$ 上，而在计算域的内部 $\mathrm{d}v$ 中，则只有导温系数 a。运用推导出的温度场有限元方程来计算均质材料或热力学性能差异不大的材料的温度场时对计算结果影响不大，但是若计算表面覆盖保温材料的大体积混凝土的温度场，计算结果往往与实际情况不符，主要原因在于保温材料的导热系数与混凝土的导热系数一般要相差十几倍甚至几十倍，而保温材料的容重仅为混凝土容重的几十分之一，根据导温系数与导热系数关系式 $a = \lambda/c\rho$ 可知，保温材料与混凝土的导温系数相差不大，但保温材料厚度仅为几厘米，反映到集成后的热传导有限元方程中，保温材料的保温效果就不明显。因此传统的温度场有限元计算方程不能真实反映保温材料与混凝土之间的热传导情况。

由热量平衡原理可知，物体温度升高所吸收的热量等于流入物体的净热量与物体自身发热量之和，即

$$c\rho\frac{\partial T}{\partial t}\mathrm{d}\tau\mathrm{d}x\mathrm{d}y\mathrm{d}z=\lambda\left(\frac{\partial^2T}{\partial^2x^2}+\frac{\partial^2T}{\partial^2y^2}+\frac{\partial^2T}{\partial^2z^2}\right)\mathrm{d}\tau\mathrm{d}x\mathrm{d}y\mathrm{d}z+c\rho\frac{\partial\theta}{\partial\tau}\mathrm{d}\tau\mathrm{d}x\mathrm{d}y\mathrm{d}z \qquad (7-8)$$

整理得

$$c\rho\frac{\partial T}{\partial t}=\lambda\left(\frac{\partial^2T}{\partial x^2}+\frac{\partial^2T}{\partial y^2}+\frac{\partial^2T}{\partial z^2}\right)+c\rho\frac{\partial\theta}{\partial t} \qquad (7-9)$$

由式（7-5）与式（7-9）比较可知，式（7-5）是由式（7-9）等式两边同时除以 $c\rho$ 所得。由式（7-9）推导出的温度场有限元方程可记为

$$[H']\{T\}+[C']\frac{\partial\{T\}}{\partial\tau}=\{P'\} \qquad (7-10)$$

式中　$\{T\}$——节点温度列向量。

$[H']$、$[C']$、$\{P'\}$ 为

$$[H']=\sum_{e}\left\{\lambda\iiint_{\Delta R}[B_t]^{\mathrm{T}}[B_t]\mathrm{d}v+\beta\iint_{\Delta s}[N]^{\mathrm{T}}[N]\mathrm{d}s\right\}$$

$$[C']=\sum_{e}\left\{c\rho\iiint_{\Delta R}[N]^{\mathrm{T}}[N]\mathrm{d}v\right\} \qquad\qquad (7-11)$$

$$\{P'\}=\sum_{e}\left\{\iiint_{\Delta R}c\rho[N]^{\mathrm{T}}\frac{\partial\theta}{\partial\tau}\mathrm{d}v+\beta T_{\mathrm{a}}\iint_{\Delta S}[N]^{\mathrm{T}}\mathrm{d}s\right\}$$

经验证[46]，由式（7-10）计算的包含保温材料的大体积混凝土温度场与实测情况相符，可以用来求解计算域中包含热学性能差异较大的材料的温度场。

7.1.4　计算方法分析

目前大体积混凝土表面保温的数值计算方法主要是上面提到的三种方法，即等效表面散热系数法、等效厚度法以及导热系数法。下面就对这三种方法加以分析：

（1）等效表面散热系数法：混凝土表面覆盖有保温材料，采用等效表面散热系数法计算时，不需要建立保温材料的有限元模型，将边界仍然按照第三类边界条件处理，考虑保温材料的保温效果后计算出边界面上的等效表面散热系数。

等效表面散热系数法能够反映出保温材料的保温效果，多种保温材料或不同厚度保温材料进行比选时也无须多次建模，且能模拟越冬层面保温材料的保温效果，是目前最为常用的一种方法。但是，等效表面散热系数法中未建立保温材料的有限元模型，因此不能真实反映保温材料与混凝土之间的热传导情况，保温材料本身的温度和温度梯度也无从知晓。

（2）等效厚度法：等效厚度法在考虑保温材料的作用时，根据混凝土和保温材料的热学性能，将保温材料等效成一定虚厚度的混凝土，即将混凝土边界向外拓展得到一个虚边界，

虚边界上按照第三类边界条件处理。实际工程应用表明，等效厚度法计算结果合理，因此，等效厚度法可以用来模拟保温材料的保温效果。但如果有多种保温材料或不同厚度的保温材料进行比选时，需要建立不同的有限元计算模型，工作量大。另外，越冬层面保温材料保温效果的模拟也难以实现。

（3）导热系数法：采用导热系数法进行大体积混凝土表面保温效果的有限元计算时，按照保温材料的实际尺寸建立有限元模型，在保温材料内划分计算单元，为保证计算精度，与保温材料单元相连接的混凝土单元尺寸不宜过大，因此划分混凝土单元时必须设置大量的过渡单元。对于几何尺寸不大的混凝土结构，即使划分较小的计算单元，计算工作量也不会太大，但对于大体积混凝土来说，划分过渡单元将使得计算单元数目大大增加，直接导致计算效率降低。另外，与等效厚度法相同，若有多种保温材料或不同厚度的保温材料进行比选时，需要建立不同的有限元计算模型，工作量大。如果存在越冬层面的保温，导热系数法也难以实现。

7.2　保温效果计算的热—结构耦合壳单元法

保温材料的厚度一般不超过 10cm，相对其长度和宽度方向来说，厚度方向的尺寸可忽略不计，在进行有限元计算时一般采用壳单元来模拟。ANSYS 软件中三维热分析壳单元可采用 SHELL131 单元，该单元具有壳面内以及厚度方向的热传导能力，能够进行稳态及瞬态热分析。

SHELL131 单元又称为层合壳单元，沿厚度方向最多可实现对 8 层不同材料的模拟。如果保温材料由多种不同的材料组成时，可以分别设置每层材料的属性。通过 ANSYS 软件前处理中的 sections 实现对壳单元不同层的厚度、材料、积分点数等的设置，命令流为：

Sectype，1，shell　　　　　！选择要设置的单元为壳单元
Secdata，0.03，2，0，3　　！厚度为 0.03m，材料号为 2，积分点数为 3（第一层）
Secdata，0.02，3，0，3　　！厚度为 0.02m，材料号为 3，积分点数为 3（第二层）
Secoffset，BOT　　　　　　！显示单元时，壳单元在面的底部

在计算之前还必须对 SHELL131 单元的特性进行相应的设置，一般令 Keyopt（2）=0，Keyopt（3）=0，Keyopt（4）=2（保温材料层数），Keyopt（6）=1。

大体积混凝土温度场仿真计算中混凝土一般采用 Solid70 单元进行剖分，混凝土表面的保温材料若采用 SHELL131 单元剖分时，就必须处理好实体单元与壳单元之间的连接关系。实体单元与壳单元的连接一般有两种方法：过渡单元法和多点约束方程法（Multi－point constraint，MPC）。ANSYS 软件自 7.1 版本后引入内部 MPC 功能，将实体单元与壳单元之间定义为接触关系，并将接触单元的接触算法设置为 MPC algorithm，接触面行为定义为绑定。

MPC 法通过接触面节点与目标面上相对应节点及其周围一定范围内节点间建立约束方程来实现实体单元与壳单元的连接。

本书中即采用 MPC 法，在混凝土实体单元与保温材料壳单元之间引入接触单元。ANSYS 软件中 Conta 171、Conta 172、Conta 173、Conta 174 以及 Conta 175 等接触单元均可采用 MPC 算法，计算时选择 Conta 175 和目标单元 Targe 170 来实现混凝土单元与保温材料壳单元之间的连接。

具体计算时，先创建接触对单元。一般将 Targe 170 目标单元设在实体上，而将 Conta 175 接触单元设在壳单元上。接触对单元设置好后，定义它们之间的接触热阻（Thermal Contact Conductance，TCC）。另外，还需对 Targe 170 和 Conta 174 单元特性分别进行设置，对 Targe 170 单元来说，Keyopt（5）＝2；对 Conta 174 单元来说，Keyopt（1）＝2（将自由度设置为温度），Keyopt（2）＝2（将接触算法设置为 MPC algorithm），Keyopt（4）＝1，Keyopt（12）＝5（定义接触面行为为绑定）。

通过以上各种设置，即可实现热分析中实体单元与壳单元的连接。热分析结束后，将计算模型中的单元转化为结构应力计算单元，其中 Solid70 单元可转化为 Solid45 单元，SHELL131 单元可转化为 SHELL181 单元，实体单元与壳单元之间的接触单元自动转化为具有计算应力特性的接触单元。将温度场计算结果作为外荷载施加到整体模型上计算温度应力，从而实现采用热－结构耦合壳单元计算混凝土表面保温。

【例 7－1】混凝土块尺寸为 5.0m×5.0m×5.0m。假定外界气温恒定为 0℃，混凝土块初始温度为 20.0℃，其前、后侧面和底面绝热，左、右侧面和顶面散热，并在其表面铺设 8cm 厚的泡沫苯板。泡沫苯板的导热系数为 0.125 6kJ/（m・h・℃），导温系数 0.002 6m²/h，容重 0.24kN/m³，比热 2.0kJ/（kg・℃），空气中固体表面的放热系数为 60.0kJ/（m²・h・℃）。混凝土块左侧面和顶面左半部分采用壳单元模拟保温板的保温效果，右侧面和顶面右半部分按等效表面散热系数法考虑保温板的影响，按式（3－3）计算得等效表面散热系数为 1.53kJ/（m²・h・℃）。计算混凝土块 30d 后的温度分布。

混凝土块有限元计算网格图和壳单元与实体单元之间的接触面示意图如图 7－2、图 7－3

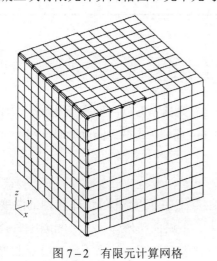

图 7－2　有限元计算网格

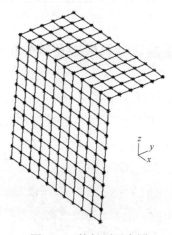

图 7－3　接触面示意图

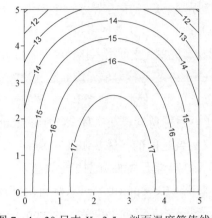

图 7-4 30 日末 $X=2.5m$ 剖面温度等值线图

所示。图 7-4 为 30 日末 $X=2.5m$ 剖面温度等值线图，由于假定混凝土块底面绝热，因此温度等值线图中底面中心温度最高，向左、右侧面以及顶面温度逐渐降低，顶面与左、右侧面相交处为双面散热，故而混凝土温度最低。左、右侧温度场基本对称，以 $Z=2.5m$ 为对称平面的对称点温度相差不超过 0.1℃。由此可见，采用壳单元真实模拟保温材料的保温效果是可行的。

7.3 严寒地区碾压混凝土重力坝越冬层面保温效果研究

研究保温材料对严寒地区碾压混凝土重力坝越冬层面的保温效果时，其研究对象、工程基本资料与 4.1 节相同。坝体有限元计算模型如图 4-3 所示。坝体混凝土浇筑初凝后即在坝体上、下游面铺设 5cm 厚的 XPS 挤塑板，并实行全年保温，XPS 挤塑板材料特性见表 7-1。越冬层面（645.0m 高程和 699.0m 高程）上在冬季停浇时表面也铺设 5cm 厚的 XPS 挤塑板，待恢复混凝土浇筑时再将保温材料取掉。

表 7-1   XPS 挤塑板材料特性

材料	导热系数 kJ/（m·h·℃）	导温系数 m²/h	容重 kN/m³	比热 kJ/（kg·℃）
XPS 挤塑板（5cm）	0.100 8	0.002 1	0.24	2.0

7.3.1 温度场计算成果及其分析

温度场仿真计算成果中除了给出大坝施工期和运行期典型时刻温度等值线图外（图 7-5～图 7-12），还给出了越冬层面（645.0m 高程和 699.0m 高程）典型点温度历时曲线（图 7-13、图 7-14）。

由温度场计算成果可知：

（1）由图 7-6、图 7-8 可以看出，新浇筑的混凝土中靠近坝体上、下游面的温度较相同高程中间部位混凝土的温度高，主要原因是大坝上、下游面防渗体为二级配碾压混凝土，水泥用量较坝体中部的三级配碾压混凝土用量多，绝热温升值相对较高所致。混凝土初凝后在坝体上、下游表面铺设 5cm 厚 XPS 挤塑板，使得混凝土表面散热条件较差，因此最高温度较未保温时高出 3.0～4.0℃。

（2）由图 7-9 可以看出，坝体混凝土施工完成后，其中横剖面温度场沿坝高方向出现了两个高温区，高温区中心高程分别为 670.0m 和 718.0m。由坝体混凝土浇筑进程表（见 4-11）可知，高温区混凝土的浇筑时间为 6—8 月份，浇筑温度相对较高，且浇筑时气温较高，散热条件差，因此温度较高。

比较未保温与保温两种情况下坝体中横剖面 2010 年 1 月 1 日温度等值线图可知，670.0m 高程中心温度保温后较未保温高出约 4.0℃，718.0m 高程中心温度保温后较未保温高出约 10.0℃，保温效果明显。718.0m 高程坝体混凝土沿水流方向的尺寸相对较小，中心温度受环境温度影响较大，因此保温效果更为显著。

（3）由坝体中横剖面第八年 1 月 1 日温度等线值可知，未采取保温措施时冬季低温季节水位以上混凝土表面温度约为 −20.0℃，采取保温措施后其温度约为 0℃。保温措施能有效提高低温季节混凝土表面温度，缩小混凝土表面温度变幅，降低内外温差。

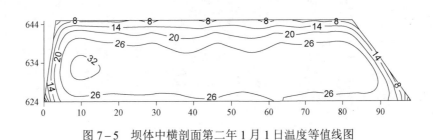

图 7-5　坝体中横剖面第二年 1 月 1 日温度等值线图

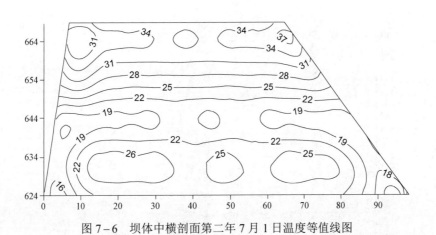

图 7-6　坝体中横剖面第二年 7 月 1 日温度等值线图

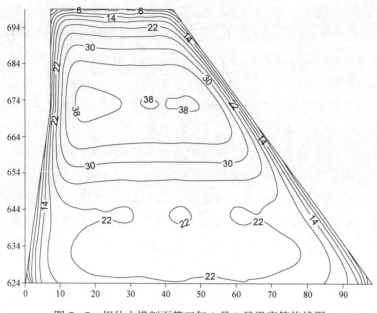

图 7-7　坝体中横剖面第三年 1 月 1 日温度等值线图

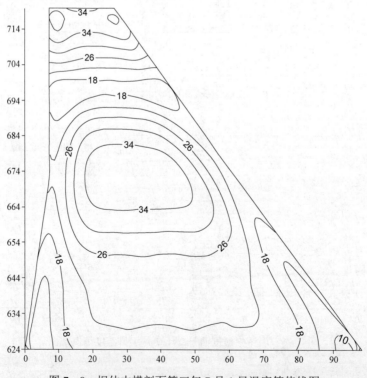

图 7-8　坝体中横剖面第三年 7 月 1 日温度等值线图

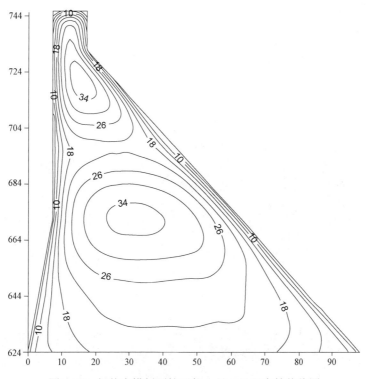

图7-9　坝体中横剖面第四年1月1日温度等值线图

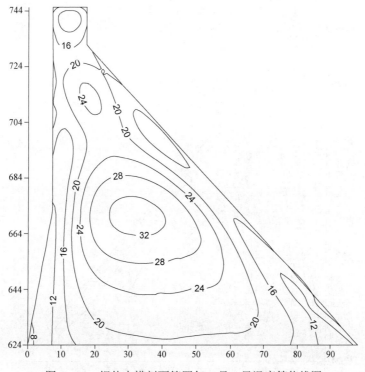

图7-10　坝体中横剖面第四年7月1日温度等值线图

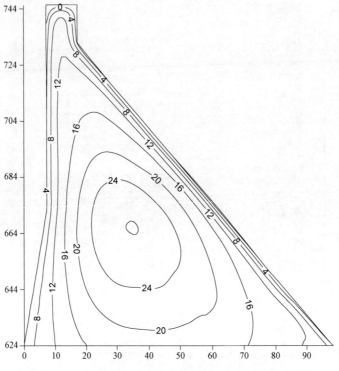

图 7-11　坝体中横剖面第六年 1 月 1 日温度等值线图

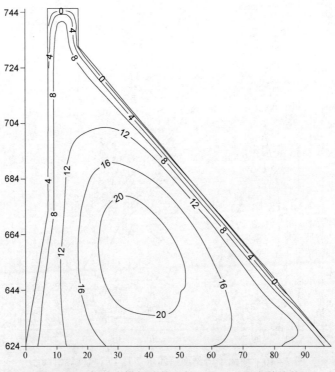

图 7-12　坝体中横剖面第八年 1 月 1 日温度等线值

（4）图 7-13、7-14 为混凝土越冬层面典型点温度历时曲线。越冬层面混凝土浇筑后，坝体上、下游面及越冬层顶面采取保温措施，混凝土表面散热条件较差，因此混凝土浇筑后温升明显。

越冬层面混凝土浇筑后，上、下游面与越冬层面相交的棱角处属于双向散热，在第一个冬季达到其最低温度，上部混凝土浇筑后该部位为单向散热，冬季最低温度明显较第一个冬季的最低温度高。越冬层面上恢复混凝土浇筑后，中心点温度在其上部混凝土温升的影响下有所上升，随后缓慢下降；上游侧典型点在水库蓄水前随气温变化而变化，水库蓄水后其温度随水温变化而变化；下游侧典型点在水位以上，因此其温度随气温做周期性变化。受保温材料的影响，下游侧典型点最低温度约为 -5.0℃，最高温度约为 21.0℃，温度变幅较未保温时显著减小。

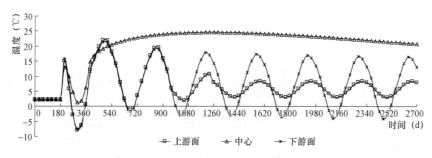

图 7-13　645.0m 高程典型点温度历时曲线

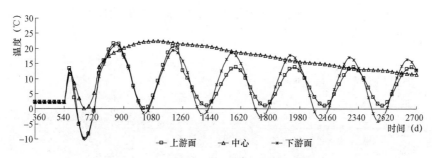

图 7-14　699.0m 高程典型点温度历时曲线

7.3.2　应力场计算成果及其分析

应力场仿真计算成果主要给出了越冬层面混凝土 X、Y、Z 三个方向温度应力包络线图和坝体中横剖面典型点 X、Y、Z 三个方向温度应力包络线图。

图 7-15~图 7-17 为施工期第一年至第二年度冬季停浇越冬层面 645.0m 高程 X、Y、

Z 三个方向温度应力包络线图。由图可知，上游面 X 向温度应力最大值为 1.18MPa，下游面 X 向温度应力最大值为 1.53MPa，均出现在二分之一坝段宽度处；中心部位 X 向温度应力最大值约为 0.8MPa。保温后，645.0m 高程上、下游面 X 向温度应力最大值减小 1.27～1.34MPa，且应力最大值未超过碾压混凝土的抗拉强度（1.71MPa），因此不会出现铅直向裂缝。

越冬层面 645.0m 高程 Y 向温度应力最大值为 2.18MPa，出现在 645.0m 高程中心部位。与未保温时相比较，保温后 Y 向温度应力最大值减小了 1.38MPa，减幅 38.8%。由图 7-16 可以看出越冬层面 Y 向温度应力仍然大范围超过碾压混凝土的抗拉强度（1.71MPa），易出现沿坝轴线方向的裂缝。

坝体上、下游面及越冬层面铺设 5cm 厚的 XPS 挤塑板后，645.0m 高程上游面 Z 向温度应力最大值为 2.34MPa，下游面 Z 向温度应力最大值为 1.92MPa，中心部位 Z 向温度应力较小，约为 0.8MPa。与未保温时相比较，保温后越冬层面 645.0m 高程上、下游侧 Z 向温度应力最大值减小 1.51～2.23MPa，保温效果明显。Z 向温度应力较大部位主要集中在坝体上、下游面深入混凝土 2.0m 左右，且沿坝段宽度方向变化较小，因此在坝体越冬层面上、下游侧易出现贯穿整个坝段的水平裂缝。

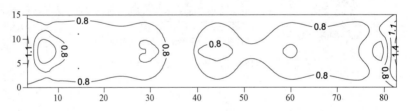

图 7-15　645.0m 高程 X 向温度应力包络线图

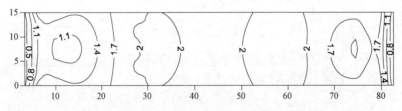

图 7-16　645.0m 高程 Y 向温度应力包络线图

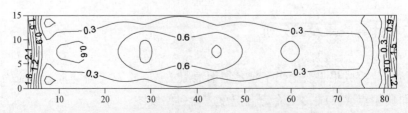

图 7-17　645.0m 高程 Z 向温度应力包络线图

图7-18～图7-20为施工期第二年至第三年度冬季停浇越冬层面699.0m高程X、Y、Z三个方向温度应力包络线图。由图可知，上游面X向温度应力最大值为1.03MPa，下游面X向温度应力最大值为1.38MPa，均出现在二分之一坝段宽度处。与未保温时相比较，保温后坝体上、下游面X向温度应力最大值分别减小了0.79MPa和0.68MPa，且均未超过碾压混凝土的抗拉强度。

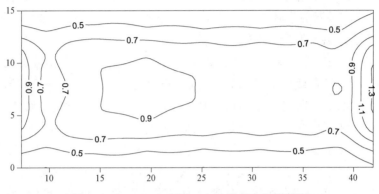

图7-18 699.0m高程X向温度应力包络线图

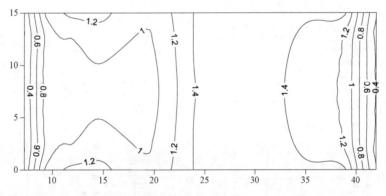

图7-19 699.0m高程Y向温度应力包络线图

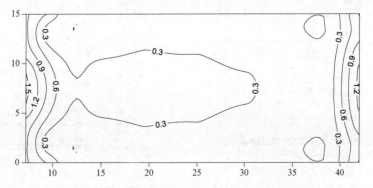

图7-20 699.0m高程Z向温度应力包络线图

越冬层面 699.0m 高程 Y 向温度应力最大值为 1.54MPa，出现在 699.0m 高程中心部位。与 645.0m 高程越冬层面相比较，699.0m 高程 Y 向应力最大值减小了 0.64MPa，主要原因是 699.0m 高程碾压混凝土浇筑块长度接近减半，且处于非约束区。与未保温时相比较，保温后 699.0m 高程 Y 向温度应力最大值减小了 0.81MPa。

越冬层面 699.0m 高程上游面 Z 向温度应力最大值为 1.62MPa，下游面 Z 向温度应力最大值为 1.34MPa，中心部位 Z 向温度应力较小，约为 0.4MPa。与 645.0m 高程越冬层面相比较，699.0m 高程各部位 Z 向应力均有所减小，主要原因是 699.0m 高程碾压混凝土处于非约束区。与未保温时相比较，保温后坝体上、下游面 Z 向温度应力最大值分别减小了 1.32MPa 和 0.77MPa，且均未超过碾压混凝土的抗拉强度。

图 7-21～图 7-23 为坝体中横剖面典型点 X、Y、Z 三个方向温度应力包络线图。由图可知，坝体基础常态混凝土垫层 1.0m 范围内三个方向的温度应力值均较大，X 向温度应力最大值为 3.43MPa，Y 向温度应力最大值为 3.35MPa，Z 向温度应力最大值为 4.19MPa。由坝体混凝土施工进度可知，常态混凝土垫层浇筑完后开始基础固结灌浆，其间混凝土停浇约 4 个月。垫层厚度仅 1.0m，可近似为基岩上的嵌固板，在环境温度变化以及基岩超强约束的双重作用下，三个方向均出现了较大的拉应力。与未保温时相比较，保温后常态混凝土垫层 X、Y、Z 三个方向温度应力最大值分别减小了 0.89MPa、1.21MPa 和 1.05MPa。

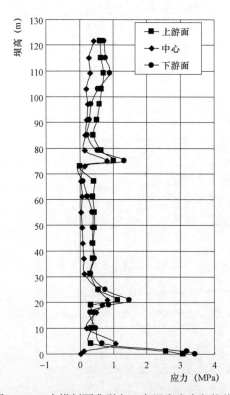

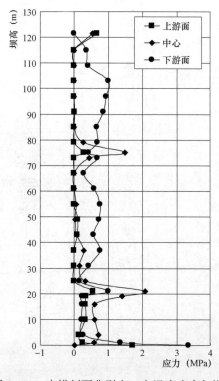

图 7-21　中横剖面典型点 X 向温度应力包络线图　　图 7-22　中横剖面典型点 Y 向温度应力包络线图

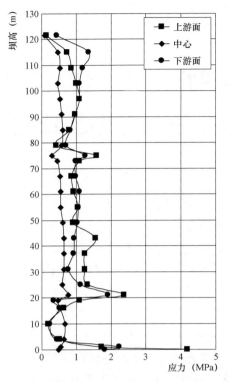

图 7-23　中横剖面典型点 Z 向温度应力包络线图

645.0m 高程和 699.0m 高程为坝体混凝土的越冬层面。冬季停浇时虽然在坝体混凝土上、下游面和越冬层顶面铺设了 5cm 厚的 XPS 挤塑板，但是越冬层面下部混凝土温度仍然较低，特别是上、下游面与越冬层面相交的棱角处，属于双向散热，混凝土最低温度约为 −8.0℃。恢复混凝土浇筑后，在上下层温差、内外温差以及下部混凝土的强约束下，越冬层面混凝土温度应力较大。

由温度场计算结果可知，混凝土施工完后坝体中横断面出现了两个高温区，高温区中心高程分别为 670.0m 和 718.0m。未保温时，到冬季外界气温较低时，高温区表面混凝土温度变幅非常大，而中心部位温度变化较小，从而形成较大的内外温差，进而使得混凝土表面产生较大的拉应力。保温后表面混凝土温度变幅大大削减，内外温差缩小，因此温度应力也大幅减小。

由计算成果可知，坝体碾压混凝土在整个施工期及运行期越冬层面 645.0m 高程 Y、Z 方向温度应力最大值超过了混凝土的抗拉强度，须增加保温板的厚度或采取其他的专门措施，以防止该层面上温度裂缝的产生。

8 升温水管对严寒地区碾压混凝土重力坝越冬层面应力改善研究

大体积混凝土施工过程中，为了防止混凝土出现严重的裂缝，工程界特别关心混凝土的浇筑温度、最高温度以及稳定温度，混凝土坝规范中也规定了基础约束区不同边长浇筑块混凝土最高温度与稳定温度之差的允许值（基础容许温差）。若混凝土的最高温度与稳定温度之差超过了规范规定的范围，则必须采取相关的温控措施来降低混凝土的最高温度，以达到满足规范要求的目的。目前最常用的温控措施为埋设冷却水管。

大体积混凝土中埋设冷却水管的温控措施源于 20 世纪 30 年代，美国垦务局在设计当时世界最高的 Hoover 混凝土重力拱坝时，对坝体混凝土人工冷却方法进行了详细的研究，最终确定采用冷却水管方案，并事先在 Owyhee 坝中进行了现场试验，结果表明冷却水管效果十分明显，因此在 Hoover 坝施工时也全面采取了水管冷却的温控措施。在此之后，水管冷却措施在全世界范围内迅速得到广泛应用，并已成为混凝土坝施工中一项重要的温控措施。经工程实践证明，冷却水管对混凝土水化热温升能起到削峰的作用，一般能使混凝土的最高温度降低 4~5℃。如此一来，混凝土的基础温差大大缩小，降低了混凝土中出现裂缝的可能性。

严寒地区碾压混凝土重力坝越冬层面易出现水平裂缝的主要原因之一是越冬层面上下层温差和内表温差大，由冷却水管能降低基础温差中得到启示，在越冬层面下部混凝土中一定高程范围内埋设水管，第二年恢复混凝土浇筑之前，在水管中通热水，以提高下部混凝土的温度，缩小越冬层面上、下层混凝土的温差，最终达到防止越冬层面出现水平裂缝的目的。

8.1 埋设升温水管的混凝土温度场计算

8.1.1 埋设升温水管的混凝土温度场计算有限元方程

埋设升温水管的混凝土温度场计算分析与埋设冷却水管的混凝土温度场计算分析完全相同，因此其有限元分析方程也完全相同。在与升温水管正交方向截取断面，如图 8-1 所示，其温度场计算的基本方程为[10]

$$\frac{\partial T}{\partial \tau} = a\left(\frac{\partial^2 T}{\partial x^2} + \frac{\partial^2 T}{\partial y^2} + \frac{\partial^2 T}{\partial z^2}\right) + \frac{\partial \theta}{\partial \tau} \qquad (8-1)$$

$$T(x,y,z,0)=T_0(x,y,z) \tag{8-2}$$

上述基本方程的边界条件为：

在外部边界上，$-\lambda\dfrac{\partial T}{\partial n}+\beta(T-T_a)=0$；

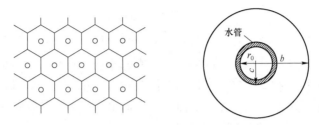

图 8-1　升温水管布置图及计算模型

在混凝土与水管接触的边界上，$-\lambda\dfrac{\partial T}{\partial r}+k(T_w-T)=0$。

式中　T_a——环境温度；

　　　T_w——水管内所通水的温度；

　　　n——外部边界的法线方向；

　　　β——混凝土表面放热系数；

　　　λ——混凝土的导热系数；

　　　k——混凝土与水管接触面的热交换系数，若为金属水管，$k \to \infty$，若为非金属水管，

　　　　　k 值为

$$k=\frac{\lambda_1}{c\ln\left(\dfrac{c}{r_0}\right)} \tag{8-3}$$

式中　λ_1——水管的导热系数；

　　　c——水管的外半径；

　　　r_0——水管的内半径。

将计算域进行有限元离散，时间域进行有限差分，得到包含升温水管在内的混凝土温度场求解的有限元支配方程

$$\left([H]+\frac{1}{\Delta t}[C]\right)\{T_{n+1}\}-\frac{1}{\Delta t}[C]\{T_n\}=\{P_\theta\}+\{P_{c1}\}+\{P_{c2}\} \tag{8-4}$$

其中，

$$\{P_\theta\}=\frac{\Delta\theta_n}{\Delta t_n}\{f\}, \quad \{P_{c1}\}=T_a^{m+1}\{g_1\}, \quad \{P_{c2}\}=T_w^{m+1}\{g_2\} \tag{8-5}$$

$$f_i=\iiint\limits_{\Delta R}N_i\mathrm{d}x\mathrm{d}y\mathrm{d}z, \quad g_{1i}=\iint\limits_{\Delta c1}\frac{\beta}{c\rho}N_i\mathrm{d}s, \quad g_{2i}=\iint\limits_{\Delta c2}\frac{k}{c\rho}N_i\mathrm{d}s \tag{8-6}$$

式中　$[H]$、$[R]$——系数矩阵；

$\{T_n\}$ ——t_n 时刻节点的温度列向量；

$\{T_{n+1}\}$ ——t_{n+1} 时刻节点的温度列向量；

$\{P_\theta\}$ ——与混凝土绝热温升 $\theta(\tau)$ 有关的向量；

$\{P_{c1}\}$ ——与混凝土外边界环境温度有关的向量；

$\{P_{c2}\}$ ——与混凝土和水管接触边界上水温有关的向量。

由式（8-5）可知，若水管内沿程水温已知，则埋设升温水管的混凝土温度场计算与常规的热传导问题相同，运用非稳定温度场三维有限元程序可以求得其数值解。但实际工程中一般仅已知水管进水口的水温，管内水体沿程散热后，水温将逐渐降低，水温降低值无从知晓，这就给计算带来了困难。基于此，朱伯芳院士提出了相应的等效算法。

8.1.2 升温水管的等效热传导方程

混凝土温度场计算时考虑升温水管的影响，由于水管周边的温度梯度较大，若要保证计算精度，则必须在水管附近布置密集的单元网格，这将导致实际工程中大体积混凝土计算模型规模庞大，计算难以实施。但如果将升温水管当成热源，在平均意义上考虑升温水管的效果，可使问题得到极大的简化，采用通常的计算网格，即可计算混凝土的温度场与应力场。

1. 无热源的升温水管问题

假定混凝土圆柱体长为 L，直径为 D，其初始温度为 T_0，无热源，且外表面绝热。混凝土圆柱体中心埋设升温水管，水管进口水温为 T_w，则混凝土的平均温度可表示为

$$T = T_w + (T_0 - T_w)\phi \qquad (8-7)$$

函数 ϕ 的表达式可以采用

$$\phi = e^{-k_1 z^s} \qquad (8-8)$$

其中，$$z = a\tau / D^2$$

式中　a ——混凝土材料导温系数；

　　　τ ——时间；

　　　D ——圆柱体直径。

令 $\xi = \lambda L / c_w \rho_w q_w$，为反映升温水管效果的参数。式（8-8）中 k_1 和 s 取值

$$k_1 = 2.08 - 1.174\xi + 0.256\xi^2 \qquad (8-9)$$

$$s = 0.971 + 0.148\,5\xi - 0.044\,5\xi^2 \qquad (8-10)$$

将 $z = a\tau / D^2$ 代入式（8-8）中，得

$$\phi = e^{-p\tau^s} \qquad (8-11)$$

$$p = k_1(a / D^2)^s \qquad (8-12)$$

函数 ϕ 也可采用较简单的表达式

$$\phi = e^{-kz} \qquad (8-13)$$

$$k = 2.09 - 1.35\xi + 0.32\xi^2 \qquad (8-14)$$

将 $z = a\tau / D^2$ 代入式（8-13）中，得

$$\phi = e^{-p\tau} \tag{8-15}$$

$$p = k_1 a / D^2 \tag{8-16}$$

2. 有热源的升温水管问题

假定混凝土绝热温升值为 $\theta(\tau)$，在时间 τ 内的绝热温升增量为 $\Delta\theta(\tau)$，到时间 t 的温升为 $\Delta\theta(\tau)\phi(t-\tau)$。由 0 到 t 积分得到由绝热温升产生的混凝土平均温度为

$$T(t) = \int_0^t \phi(t-\tau)\frac{\partial\theta}{\partial\tau}d\tau \tag{8-17}$$

将式（8-15）代入式（8-17），得到

$$T(t) = \int_0^t e^{-p(t-\tau)}\frac{\partial\theta}{\partial\tau}d\tau \tag{8-18}$$

假定混凝土绝热温升 $\theta(\tau)$ 的表达式为

$$\theta(\tau) = \theta_0 f(\tau) \tag{8-19}$$

式中 $f(\tau)$——任意函数。

由式（8-18）可知

$$T(t) = \sum e^{-p(t-\tau)}\Delta\theta(\tau) = \theta_0\Psi(t) \tag{8-20}$$

为了提高计算的精度，$\Psi(t)$ 可采用混凝土中点龄期 $(\tau+0.5\Delta\tau)$ 来表示，为

$$\Psi(t) = \sum e^{-p(t-\tau-0.5\Delta\tau)}\Delta f(\tau) \tag{8-21}$$

其中

$$\Delta f(\tau) = f(\tau+\Delta\tau) - f(\tau)$$

当混凝土初温 T_0，绝热温升为 $\theta_0 f(\tau)$，水管进水口水温为 T_w，则混凝土的平均温度为

$$T(t) = T_w + (T_0 - T_w)\phi(t) + \theta_0\Psi(t) \tag{8-22}$$

其中，$\phi(t)$ 见式（8-11）、式（8-13），$\Psi(t)$ 见式（8-21）。

3. 考虑升温水管的等效热传导方程

上述计算中假定混凝土圆柱体表面是绝热的，但实际情况往往要复杂得多，混凝土表面与空气、水、基岩等介质相接触均会发生热交换。考虑混凝土的复杂边界条件后，运用理论方法难以求解埋设升温水管的混凝土温度场，因此只能借助数值方法，并将考虑升温水管作用后所计算得到的混凝土平均温度作为其绝热温升，进而得到等效的热传导方程

$$\frac{\partial T}{\partial\tau} = \alpha\left(\frac{\partial^2 T}{\partial^2 x}+\frac{\partial^2 T}{\partial^2 y}+\frac{\partial^2 T}{\partial^2 z}\right) + (T_0 - T_w)\frac{\partial\phi}{\partial\tau} + \theta_0\frac{\partial\Psi}{\partial\tau} \tag{8-23}$$

在以上等效热传导方程的基础上，运用有限单元法离散计算模型，由于升温水管的效果已在函数 ϕ 和 Ψ 中考虑，在施加混凝土水化热的同时，即嵌入升温水管的效果，因此不需要再考虑水管的影响。虽然等效热传导方程是在平均意义上考虑升温水管的作用，具有一定的近似性，但计算程序容易实现，且省去了水管附近密集网格，使得计算工作量及规模大大减小。经验证，总体计算精度满足工程需要，是目前使用最为广泛的方法。但该方法计算时不考虑水管内水温的沿程变化，且未真实模拟水管，计算出的水管周边温度和应力与实际情况

有所偏差，因此有必要进一步研究升温水管的精确模拟算法。

8.2　升温水管的热流管法

8.2.1　升温水管热流管法基本思路

由图 8-2 可知，混凝土中埋设升温水管的温度场计算属于空间温度场问题。当温度较高的水体在管中流动时，将热量传递给混凝土，自身温度沿程降低，水管与混凝土接触边界上发生对流热交换。对流热交换过程包括：① 热流体元自身沿水管方向的运动，一段水体向前移动后其空位马上被后续的热流体元填补，水体呈连续状态；② 水管内的水体与混凝土的对流热交换，导致混凝土的温度上升，而自身温度沿程降低。

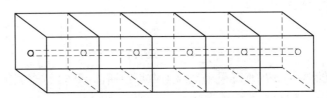

图 8-2　混凝土中升温水管示意图

运用热流管法计算埋设升温水管的混凝土温度场时，混凝土的温度计算仍然采用固体热传导方程，计算升温水管的效果时，采用 ANSYS 程序单元库中的热流管单元 FLUID116，并将升温水管中的水流作为一维恒定流，考虑水管内水体的流动、传热以及与混凝土在接触边界上的对流热交换，采用与实际工程相匹配的水管布置形式、水流方向、水温沿程变化等，真实模拟升温水管的效果，使之与实际情况更为接近。

8.2.2　升温水管的模拟

在进行温度场仿真计算时，混凝土仍然采用 SOLID70 热分析单元进行离散，升温水管采用 FLUID116 三维热流管单元进行离散。FLUID116 单元可以用来模拟两个节点间的热传导和流体传输，其热流量取决于流体的传导和质量流速。当有对流存在时，通过设置 FLUID116 单元选项将其节点数设置为 4 个，即增加 2 个附加节点，此时的 FLUID116 单元的几何形状如图 8-3 所示。

另外，采用 FLUID116 单元来模拟升温水管时，不需要建立水管的实体模型，通过设置单元的实常数实现对水管管径的模拟，大大降低了建模、单元剖分和计算工作量。

剖分单元时，如果将混凝土和升温水管各自划分单元，则无法实现混凝土与升温水管之间的对流换热关系。为了能实现模拟这一对流换热关系，剖分单元时必须将混凝土实体单元节点与 FLUID116 单元的附加节点耦合起来，即利用 SOLID70 单元中升温水管所在位置的节点作为 FLUID116 单元的附加节点，如图 8-4 所示。通过设置 FLUID116 单元的膜层散热系数实现混凝土与升温水管之间的对流热交换。

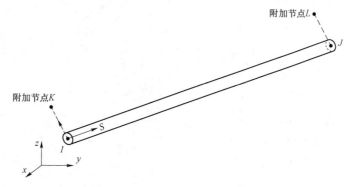

图 8-3　FLUID116 单元的几何形状

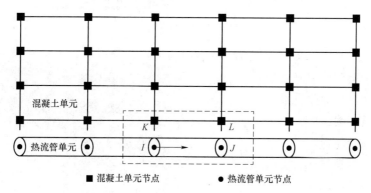

■ 混凝土单元节点　　　● 热流管单元节点

图 8-4　混凝土单元与热流管单元耦合

根据能量守恒定律，热流管单元的控制方程为[53,54]

$$C\boldsymbol{T} + KT = Q \tag{8-24}$$

式中　T ——热流管单元节点温度列向量；

$\boldsymbol{T}$ ——热流管单元节点温度列向量的导数，即变温速率列向量；

K ——热传导矩阵；

C ——比热矩阵。

$$C = \frac{\rho c A L}{2} \begin{bmatrix} 1 & 0 & 0 & 0 \\ 0 & 1 & 0 & 0 \\ 0 & 0 & 0 & 0 \\ 0 & 0 & 0 & 0 \end{bmatrix} \tag{8-25}$$

$$K = \begin{bmatrix} k_1 + k_2 - k_4 & -k_1 + k_4 & -k_2 & 0 \\ -k_1 - k_5 & k_1 + k_3 - k_5 & 0 & -k_3 \\ -k_2 & 0 & k_2 & 0 \\ 0 & -k_3 & 0 & k_3 \end{bmatrix} \tag{8-26}$$

其中，$k_1 = A\lambda / \text{e}$，$k_2 = \beta A_I$，$k_3 = \beta A_J$，$A_I = A_J = \pi D L / 2$

$$k_4 = \begin{cases} wc & \text{水流方向为 } J \to I \\ 0 & \text{水流方向为 } I \to J \end{cases}, \quad k_5 = \begin{cases} wc & \text{水流方向为 } I \to J \\ 0 & \text{水流方向为 } J \to I \end{cases}。$$

式中　k_2、k_3——考虑水与水管间的热交换的量；

　　　k_4、k_5——考虑水管水温沿程变化的量；

　　　A——水管断面面积，m^2；

　　　ρ——水的密度，kg/m^3；

　　　w——通水流量，m^3/d；

　　　λ——水的导热系数，$\text{kJ/}（\text{m} \cdot \text{h} \cdot \text{℃}）$；

　　　L——单元长度，m；

　　　D——水管的水力直径；

　　　β——水管与水之间的热交换系数，采用下式进行计算：

$$N_u = 0.023 \text{Re}^{0.8} P_r^n \tag{8-27}$$

其中，$N_u = \beta d / \lambda$，$P_r = \mu C_P / \lambda$，$\text{Re} = d v \rho / \mu$

式中　N_u——努塞尔特数；

　　　β——对流传热膜系数；

　　　Re——雷诺数；

　　　P_r——普兰特数；

　　　d——水管管径；

　　　ρ——流体密度；

　　　v——流体流速；

　　　μ——流体的黏度；

　　　λ——流体的导热系数。

式（8-27）称为迪图斯-贝尔特（Dittus-Boelter）公式，该公式由 Dittus 和 Boelter 于 1930 年提出的，适用于气体或低黏度流体、管壁光滑情况，当为低黏度流体时要求 $\text{Re} = 1.0 \times 10^4 \sim 1.2 \times 10^4$，$P_r = 0.7 \sim 120$，$L / d \geqslant 60$，液体温度与管壁温度之差不大于 20~30℃。当管内流体被冷却时，普兰特数的指数 $n = 0.3$，被加热时 $n = 0.4$。流体的所有物理特性参数均在进、出口算术平均温度下进行估算。

8.2.3　混凝土与升温水管换热微分方程

假定升温水管内水流为一维定常流，管道内水体的温度与时间以及水体在管道内的位置有关，即 $T = T(s,t)$。水管内水体与混凝土之间的热量交换关系可表示为

$$\frac{\partial m}{\partial t} \rho \frac{\partial T}{\partial s} + \Gamma h_\text{f}(T_\text{f} - T_\text{s}) = 0 \tag{8-28}$$

$$T(0,t) = T_{in} \qquad\qquad (8-29)$$

式中 $\dfrac{\partial m}{\partial t}$ ——水管内水体的质量流速，m/s；

      ρ ——水管内水体的密度，kg/m^3；

      Γ ——与温度 T 相对应的广义扩散系数；

      h_f ——膜层散热系数，即混凝土与水体的对流热交换系数，$kJ/（m^2 \cdot h \cdot ℃）$；

      T_f ——水管内水体的温度，℃；

      T_s ——与水管外壁接触的混凝土温度，℃；

      T_{in} ——进水口水温，℃；

      s ——流体流线坐标方向。

8.2.4 升温水管热流管法的实现与验证

通过以上对升温水管热流管法的分析可知，在 ANSYS 中实现升温水管精确计算的热流管法需解决以下三个方面的问题：

（1）建立升温水管与混凝土的热流耦合计算模型；

（2）建立混凝土与升温水管中水体的对流热交换关系；

（3）水管对混凝土升温效果的施加。

热分析中混凝土一般采用 SOLID70 单元模拟，而升温水管采用的是 FLUID116 三维热流管单元模拟。单元剖分时如果将混凝土和升温水管各自划分单元，混凝土与升温水管之间的对流换热关系无法实现，因此单元剖分时混凝土和升温水管要联合剖分，将混凝土实体单元节点与 FLUID116 单元的附加节点耦合起来。为实现节点耦合，首先必须将 FLUID116 三维热流管单元设置成带有附加节点的 4 节点单元，即在选择单元类型时同时设置其选项，可通过以下命令实现：

ET，1，FLUID116	！选择 FLUID116 三维热流管单元
KEYOPT，1，1，1	！FLUID116 单元仅具有温度自由度
KEYOPT，1，2，2	！将 FLUID116 单元设置为带有附加节点的 4 节点单元

利用 SOLID70 单元中升温水管所在位置的节点作为 FLUID116 单元的附加节点以实现混凝土单元和升温水管单元的耦合。通过设置 FLUID116 单元的膜层散热系数（h_f）实现混凝土与升温水管之间的对流热交换。

热流耦合计算模型建立起来之后，利用 ANSYS 软件的 APDL 参数化设计语言编制计算程序。混凝土中的升温水管可看成是一个热源，在热流管单元上施加热流密度，来考虑其混凝土温度的影响。命令如下：

SFE,all,,hflux,,Mass_flow_rate

由此即可实现混凝土和升温水管的热流耦合分析。

【例 8-1】半径为 1.0m 的混凝土柱长 10.0m，初始温度为 10℃，其中心有一根半径为 0.016m 的升温钢管。升温钢管入口水温为 20℃，通水流量 10.8m³/d。混凝土导热系数 $\lambda = 7.5kJ/$

（m·h·℃），水的比热 C_w=4.19kJ/（kg·℃）， λ_w =2.16kJ/（m·h·℃）， ρ_w =1000kg/m³。计算 15d 后混凝土柱体的温度变化。

计算模型如图 8-5 所示。图 8-6、图 8-7 为混凝土柱体入水口与出水口断面 15 日末温度等值线图。由图可知，混凝土柱体温度以水管为中心向外呈环形发散分布，靠近水管温度高，远离水管温度低；混凝土柱体入水口断面温度比出水口断面温度约高 0.4℃，符合一般规律。通水 15d 后混凝土柱体温度由原来的 10.0℃ 升高至 16.5℃，升温效果明显。

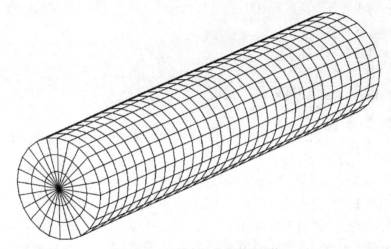

图 8-5　混凝土柱体有限元网格

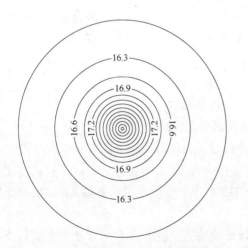 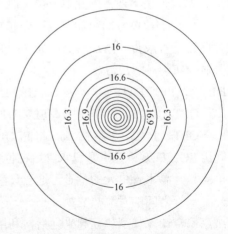

图 8-6　入水口断面 15 日末温度等值线（℃）　　图 8-7　出水口断面 15 日末温度等值线（℃）

图 8-8、图 8-9 为升温水管通水 1 日末、15 日末水管水温沿程分布。水管长度为 10.0m，入口水温 20.0℃，通水 1 日末水管出口水温 18.4℃，水温变化明显。通水第 15 日，混凝土温度已升至 16.0℃ 左右，水温与混凝土温度相差较小，故而 15 日末入口与出口水温变化较小。第 15 日开始通水时混凝土入口段面温度高于出口断面温度，因此水温下降 0.2℃ 时靠近入口断面的距离为 5.6m，靠近出口断面的距离为 4.4m，符合一般规律。

图8-8　通水1日末水管内水温分布（℃）

20 —————————— 19.8 ————————————— 19.6

图8-9　通水15日末水管内水温分布（℃）

【例8-2】混凝土块尺寸为16.5m×10.0m×6.0m。假定外界气温恒定为5℃，混凝土浇筑完后经过长时间与环境温度发生热交换，温度也为5℃。混凝土中埋设塑料升温水管，水管间距1.5m×1.5m，采用蛇形布置方式。水管入口水温15℃，通水流量21.6m³/d，每24h调换一次水管中的水流方向。为了充分体现升温水管的升温效果，通水时混凝土边界按绝热边界处理。计算10d后混凝土块的温度变化。

计算模型及升温水管位置示意图如图8-10、图8-11所示。图8-12、图8-13为混凝土块第9日末、第10日末 $x=5.0$m剖面温度等值线图。混凝土块温度以水管所在位置为中心向外呈环形发散分布，靠近水管温度高，远离水管温度低。第9日升温水管自 $x=5.0$m剖面左侧通水，因此左侧混凝土温度较高，第10日升温水管自 $x=5.0$m剖面右侧通水，故而右侧混凝土温度较高。通水10天后混凝土中心温度约为11.0℃，升温效果明显。

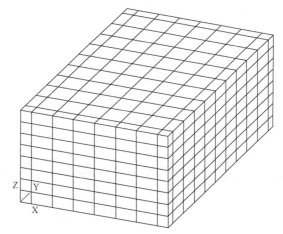

图8-10　混凝土块有限元网格

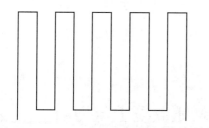

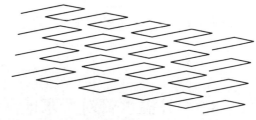

图8-11　升温水管位置示意图

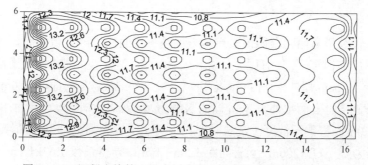

图8-12　混凝土块第9日末 $x=5.0$m剖面温度等值线图（℃）

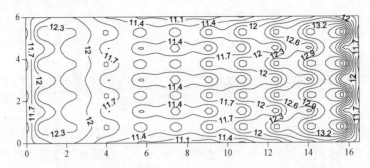

图 8-13　混凝土块第 10 日末 $x=5.0$m 剖面温度等值线图

图 8-14 为混凝土块 $x=5.0$m 剖面二分之一高度左侧、右侧及中间点温度历时曲线。通水一侧混凝土温升速度较快，未通水一侧混凝土温升速度相对较慢，中心点升温速度均衡。通水末时刻 1#、2#温度基本相等，约为 11.8℃，中心温度约为 11.0℃。

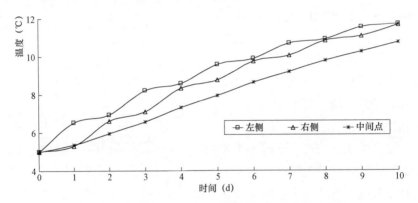

图 8-14　混凝土块 $x=5.0$m 剖面典型点温度历时曲线

由以上算例可知，采用热流管法可以真实反映升温水管的升温效果，且水温沿程发生变化，与实际情况相符，说明热流管法切实可行。

8.3　升温水管对严寒地区碾压混凝土重力坝越冬层面应力改善研究

研究升温水管对严寒地区碾压混凝土重力坝越冬层面应力改善效果时，其研究对象、工程基本资料与 4.1 节相同。坝体有限元计算模型如图 4-3 所示。坝体混凝土浇筑初凝后即在坝体上、下游面铺设 5cm 厚的 XPS 挤塑板，并实行全年保温。越冬层面（645.0m 高程和 699.0m 高程）上在冬季停浇时表面也铺设 5cm 厚的 XPS 挤塑板。

640.0～645.0m 高程碾压混凝土浇筑时即在混凝土中埋设高强度聚乙烯管，管外径 32mm，内径 30mm，单根水管长度 200m，水管间距 1.5m×1.5m，导热系数 1.67kJ/（m·h·℃）。645.0m 高程越冬层面恢复混凝土浇筑之前，在施工期第二年 3 月 10 日开始对 640.0～645.0m 高程的混凝土通 18.0℃热水升温，通水流量 1.2m³/h，历时 20d。

同样，693.0～699.0m 高程碾压混凝土浇筑时也在混凝土中埋设高强度聚乙烯管，699.0m 高程越冬层面恢复混凝土浇筑之前，在施工期第三年 3 月 10 日开始对 693.0～699.0m 高程的混凝土通 18.0℃热水升温，通水流量 1.2m³/h，历时 20d。

8.3.1 温度场计算成果及其分析

温度场仿真计算成果中主要给出了 645.0m 高程和 699.0m 高程越冬层面混凝土升温水管通水前和通水结束时刻大坝中横剖面温度等值线图（图 8-15～图 8-18），另外还给出了越冬层面（645.0m 高程和 699.0m 高程）下部混凝土中心点温度历时曲线（图 8-19、图 8-20）。

由温度场计算成果可知：

（1）虽然在 645.0m 高程和 699.0m 越冬层面混凝土表面铺设了 5cm 厚的 XPS 挤塑板，历经冬季低温期后至翌年 3 月 10 日，混凝土表面温度仍然很低，仅为 2.5℃；越冬层面与坝体上、下游面相交处为双向散热，混凝土表面温度仅有 -4.0℃。升温水管通水 20d 后，越冬层面混凝土表面温度升至约 11.0℃，上、下游棱角部位温度升至约 7.0℃，升温效果明显。

（2）由图 8-19、图 8-20 可知，对越冬层面下部一定高程内的混凝土采用水管升温时，其升温效果与混凝土相对越冬层面的距离有关：与越冬层面距离越小，升温效果越好。645.0m 高程中心点温度由 2.5℃升高至 10.9℃，温度升高 8.4℃，699.0m 高程中心点温度由 1.8℃升高至 10.8℃，温度升高 9.0℃；而 642.0m 高程中心点温度由 14.2℃升高至 16.9℃，温度升高仅 2.7℃，695.0m 高程中心点温度由 15.9℃升高至 17.8℃，温度升高仅 1.9℃。混凝土与越冬层面距离越大，其温度受外界气温影响越小，则在通热水时自身温度越高，与水管内的水温温差越小，吸收的热量越少，因此升温效果较差。

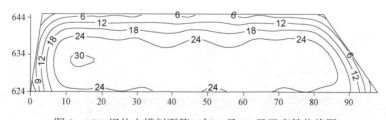

图 8-15 坝体中横剖面第二年 3 月 10 日温度等值线图

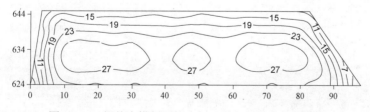

图 8-16 坝体中横剖面第二年 4 月 1 日温度等值线图

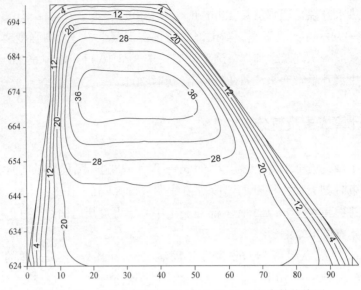

图 8-17 坝体中横剖面第三年 3 月 10 日温度等值线图

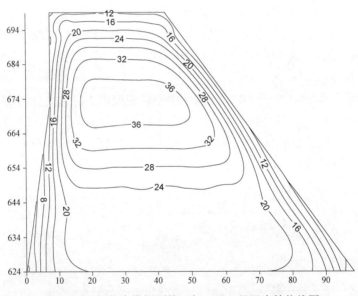

图 8-18 坝体中横剖面第三年 4 月 1 日温度等值线图

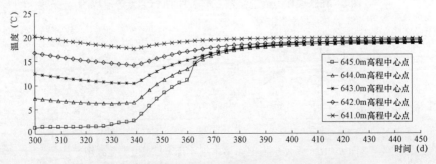

图 8-19 645.0m 高程下部混凝土中心温度历时曲线

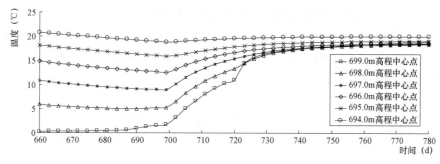

图 8-20 699.0m 高程下部混凝土中心温度历时曲线

8.3.2 应力场计算成果及其分析

应力场仿真计算成果主要给出了越冬层面 X、Y、Z 三个方向温度应力包络线图和坝体中横剖面典型点 X、Y、Z 三个方向温度应力包络线图。

图 8-21～图 8-23 为施工期第一年至第二年度冬季停浇越冬层面 645.0m 高程 X、Y、Z 三个方向温度应力包络线图。由图可知，上游面 X 向温度应力最大值为 1.21MPa，下游面 X 向温度应力最大值为 0.84MPa，均出现在二分之一坝段宽度处；中心部位 X 向温度应力最大值约为 0.8MPa。与未采用升温水管方案比较，645.0m 高程下游面 X 向温度应力最大值减小 0.69MPa。645.0m 高程整个越冬层面 X 向温度应力均为超过碾压混凝土的抗拉强度（1.71MPa），因此不会出现铅直向裂缝。

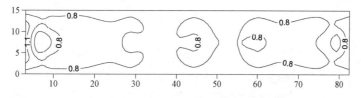

图 8-21 645.0m 高程 X 向温度应力包络线图

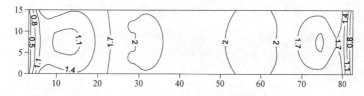

图 8-22 645.0m 高程 Y 向温度应力包络线图

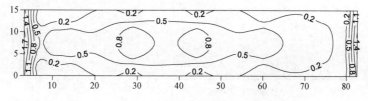

图 8-23 645.0m 高程 Z 向温度应力包络线图

越冬层面 645.0m 高程 Y 向温度应力最大值为 2.17MPa，出现在 645.0m 高程中心部位，可以看出在施工期第二年 3 月 10 日开始对 640.0～645.0m 高程混凝土通热水对 Y 向温度应力最大值几乎没有影响，主要原因是 645.0m 高程混凝土在其浇筑后的第一个冬季温度达到最低值，因此其 Y 向温度应力最大值也出现在浇筑后的第一个冬季，在第二年 3 月 10 日开始对 640.0～645.0m 高程混凝土通热水对 645.0m 高程各部位 Y 向温度应力最大值影响较小。将通热水时间提前至施工期第一年年底，提高越冬层面混凝土最低温度，可减小 Y 向温度应力最大值。

640.0～645.0m 高程采用升温水管后，上游面 Z 向温度应力最大值为 1.73MPa，下游面 Z 向温度应力最大值为 1.42MPa，中心部位 Z 向温度应力约为 0.8MPa。与未采用升温水管方案比较，645.0m 高程上、下游 Z 向温度应力最大值分别减小了 0.61MPa 和 0.5MPa。645.0m 高程越冬层面 Z 向温度应力基本没有超过碾压混凝土的抗拉强度（1.71MPa），不会出现水平温度裂缝。

图 8-24～图 8-26 为施工期第二年至第三年度冬季停浇越冬层面 699.0m 高程 X、Y、Z 三个方向温度应力包络线图。由图可知，上游面 X 向温度应力最大值为 0.84MPa，下游面 X 向温度应力最大值为 1.06MPa，均出现在二分之一坝段宽度处。与未采用升温水管方案比较，坝体上、下游面 X 向温度应力最大值均有所减小，且均未超过碾压混凝土的抗拉强度。

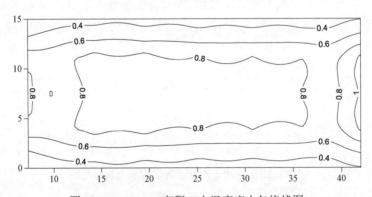

图 8-24　699.0m 高程 X 向温度应力包络线图

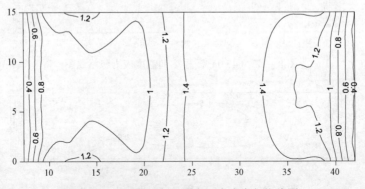

图 8-25　699.0m 高程 Y 向温度应力包络线图

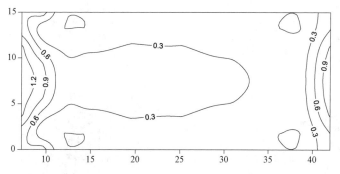

图 8-26　699.0m 高程 Z 向温度应力包络线图

越冬层面 699.0m 高程 Y 向温度应力最大值为 1.52MPa，出现在 699.0m 高程中心部位，可以看出在第三年 3 月 10 日开始对 693.0～699.0m 高程混凝土通热水对 Y 向温度应力最大值几乎没有影响，主要原因是 699.0m 高程混凝土在其浇筑后的第一个冬季温度达到最低值，因此其 Y 向温度应力最大值也出现在浇筑后的第一个冬季，在第三年 3 月 10 日开始对 693.0～699.0m 高程混凝土通热水对 699.0m 高程各部位 Y 向温度应力最大值影响较小。将通热水时间提前至施工期第二年年底，提高越冬层面混凝土最低温度，可减小 Y 向温度应力最大值。

693.0～699.0m 高程采用升温水管后，上游面 Z 向温度应力最大值为 1.34MPa，下游面 Z 向温度应力最大值为 0.97MPa，中心部位 Z 向温度应力较小，约为 0.3MPa。与未采用升温水管方案比较，699.0m 高程上、下游面 Z 向温度应力最大值分别减小了 0.28MPa 和 0.37MPa，且均未超过碾压混凝土的抗拉强度。

图 8-27～图 8-29 为坝体中横剖面典型点 X、Y、Z 三个方向温度应力包络线图。由图可知，中横剖面典型点温度应力仅在 640.0～645.0m 高程和 693.0～699.0m 高程有所变化，特别是 645.0m 高程 Z 向应力减小 0.5～0.61MPa，效果较好。

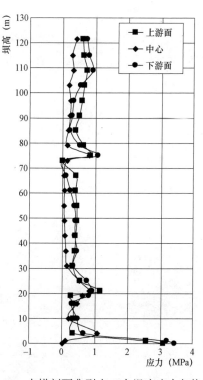

图 8-27　中横剖面典型点 X 向温度应力包络线图

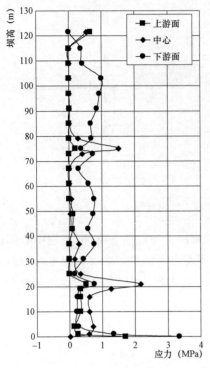

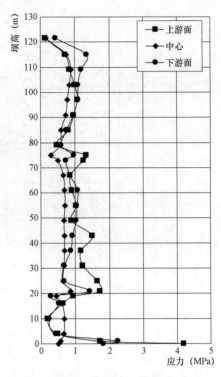

图 8-28　中横剖面典型点 Y 向温度应力包络线图　　图 8-29　中横剖面典型点 Z 向温度应力包络线图

9 微膨胀混凝土对严寒地区碾压混凝土坝越冬层面应力补偿研究

9.1 微膨胀混凝土筑坝技术

20 世纪 70 年代在我国东北严寒地区——吉林修建的白山重力拱坝,混凝土施工过程中有超过半数的基础约束区混凝土在夏季高温季节浇筑,混凝土内部最高温度近 50℃,基础温差普遍超过 40℃,大大超过了规范的允许值。但在后期的裂缝检查中发现大坝混凝土中未出现基础贯穿性裂缝,表面裂缝也较少。水库自 1982 年蓄水以来,未出现严重的漏水现象。大坝原型观测资料表明:白山重力拱坝混凝土自身具有微膨胀性,能明显减小混凝土的温度应力[61]。成都勘测设计研究院科学研究所、东北勘测设计研究院以及南京化工大学等单位科研人员的大量试验研究证明,白山重力拱坝混凝土所采用的抚顺水泥中氧化镁含量较高(2%～4%),氧化镁水化后生成氢氧化镁体积膨胀是白山重力拱坝混凝土裂缝较少的根本原因。1986 年修建红石电站混凝土重力坝时,为进一步验证抚顺水泥的膨胀作用,大坝混凝土全部采用内含高镁的抚顺水泥,并取消了全部的温控措施,结果混凝土中仅出现了少量的表面裂缝。由此验证了微膨胀混凝土筑坝技术的可行性。

氧化镁微膨胀混凝土的膨胀机理为[62·63]:水泥中的氧化镁颗粒遇水后发生水化反应生成氢氧化镁晶体。在水化反应早期,混凝土的膨胀主要来自于极细小的氢氧化镁晶体的吸水肿胀力;随着氢氧化镁晶体后续的不断增长,晶体结晶生长所产生的压力即成为混凝土膨胀的主要动力。大量的试验研究结果表明,水化温度、氧化镁的含量等均对氧化镁微膨胀混凝土的最终膨胀量和膨胀速率有较大影响。

对于大体积混凝土结构而言,传统的温控措施如预冷骨料、加冰拌和、布置冷却水管、表面流水养护、喷雾等均是通过降低混凝土内部最高温度从而减小混凝土温度与稳定温度之差,进而减少温度降低时混凝土的收缩变形,防止温度裂缝的产生。除了这些温控措施以外,也可在结构的分缝、混凝土浇筑层厚、跳仓以及相邻浇筑块高差等方面进行控制,其目的与传统温控措施相同。但这些温控方法的施工工艺相对比较复杂,会一定程度地影响施工进度,不利于实际工程采用。而微膨胀混凝土筑坝技术则是从混凝土原材料入手,利用混凝土中氧化镁水化后的膨胀量来补偿混凝土的收缩变形,很大程度上减小了混凝土温度裂缝出现的可能性,简化了温控措施,并保证了混凝土的施工效率。

目前,微膨胀混凝土已被广泛应用于水利水电工程建设中[64-67]。广东青溪水电站坝体采用微膨胀混凝土，实测混凝土自生体积变形值为 80～100με，应变计测得基础约束区应力为 0.8MPa，微膨胀混凝土自生体积变形所补偿的应力达 0.6MPa，效果非常明显；贵州东风水电站基础深槽回填设计时也采用了微膨胀混凝土，并大胆地取消了施工纵缝、混凝土加冰拌和以及冷却水管等温控措施，施工完成后经检查未发现裂缝；四川铜街子水电站临时导流底孔采用微膨胀混凝土进行封堵，取消了全部温控措施，且侧壁不灌浆，一次性封堵完好；四川龙滩水电站发电引水压力钢管外围采用微膨胀混凝土进行回填，取消了灌浆工序，电站停运检查时发现压力钢管与混凝土之间结合紧密；广东阳春长沙拱坝全断面采用氧化镁微膨胀混凝土，施工中坝体不分横缝，通仓浇筑，也未采取其他任何温控措施，仅利用氧化镁混凝土的微膨胀量来补偿坝体混凝土的收缩变形，坝体混凝土上升迅速，历时 90 天实现大坝混凝土封顶。以上成功应用实例表明，利用氧化镁混凝土的膨胀量能有效补偿混凝土的收缩变形，实现简化温控措施、加快施工速度、节约工程成本的目的。

氧化镁微膨胀混凝土筑坝技术虽然已经比较成熟，实际工程应用也很成功，但仍有一些问题需进一步研究[68]。

（1）微膨胀混凝土的膨胀延迟时间控制。利用氧化镁混凝土所具有的延迟膨胀性，在混凝土降温收缩时给予一定的膨胀量，来抵消混凝土的收缩变形。这就要求对混凝土膨胀产生的时间能够加以控制。如果膨胀量产生的时间太早，混凝土的弹性模量较低，起不到补偿的效果；膨胀量产生的时间太迟，混凝土温降时的收缩变形得不到弥补，混凝土中仍然会出现裂缝，另外膨胀量出现的时间过晚还会引起上、下层混凝土之间变形的不协调，导致混凝土内部产生较大的约束应力。比较理想的膨胀产生时间应在混凝土水化热最高温升之后，显著降温之前。由此可见，微膨胀混凝土的膨胀延迟时间的控制至关重要。

（2）不同部位混凝土膨胀量的控制。水工建筑物结构中的不同部位，由于其发挥功能的不同，应设计性能不同的混凝土。对于微膨胀混凝土筑坝技术而言，不同部位氧化镁混凝土的膨胀量对整体结构应力分布的影响是研究的重点，以寻求各部位最适当的膨胀量，达到最佳的补偿效果。

（3）微膨胀混凝土中氧化镁含量及其安定性。通常认为水泥中的氧化镁为有害成分，影响混凝土的安定性，因此国家水泥标准中规定水泥熟料中氧化镁的含量不能超过 5%。照此含量，全国范围内仅在华南地区可利用氧化镁微膨胀混凝土筑坝技术实现常态混凝土通仓浇筑并全年施工，筑坝水平难有大的改观。如果微膨胀混凝土中氧化镁含量能突破 5%的限制，且 1 年的自生体积变形能达到 200～300με，则全国范围内常态混凝土重力坝的施工中可取消纵缝，实现通仓浇筑并全年施工，常态混凝土拱坝也有可能取消横缝并全年施工。对于碾压混凝土而言，氧化镁含量能突破 5%的限制意义更为重大，因为碾压混凝土中掺有大量的粉煤灰，对氧化镁混凝土的自生体积膨胀存在一定的抑制作用，膨胀量相对较小。如果能将碾压混凝土中氧化镁的含量提高到 8%～10%，则有可能在碾压混凝土中得到较为理想的膨胀量。但无论是常态混凝土还是碾压混凝土，必须在保证混凝土自身安定性的前提下来提高氧化镁的含量。应进行长期大量的室内、现场试验研究，科学论证其可行性。

（4）外掺氧化镁的均匀性及施工质量控制。微膨胀混凝土中所含的氧化镁为水泥原材料自身包含（内含）或在施工现场混凝土搅拌时掺入（外掺）。如果水泥原材料自身包含氧化镁，则其均匀性可以得到保证，但如果是在施工现场通过外掺氧化镁得到的微膨胀混凝土，其均匀性及施工质量非常重要。一旦氧化镁混凝土的均匀性无法保证，混凝土中必然会发生不均匀膨胀，从而引起变形的不协调，甚至导致裂缝产生。因此，外掺氧化镁微膨胀混凝土的均匀性及施工质量如何能得到有效控制，有待进一步研究。

对于严寒地区碾压混凝土重力坝越冬层面而言，第二年恢复混凝土浇筑时，越冬层面下部混凝土龄期一般已超过 90 天，强度相对较高，弹性模量也几乎接近其最终值，对越冬层面上部新浇筑混凝土的收缩变形约束非常强，这也是严寒地区碾压混凝土重力坝越冬层面易出现水平裂缝的主要原因之一。

在越冬层面上、下部一定高程范围内采用微膨胀混凝土，利用微膨胀混凝土的延迟微膨胀性来抵消越冬层面混凝土的收缩变形，进而补偿越冬层面上部混凝土由于收缩变形受下部混凝土的约束而产生的应力。

9.2　微膨胀混凝土自生体积变形特性及力学性能

根据中国顾问集团成都勘测设计研究院科学研究所和其他一些科研单位长期大量的分析、试验和研究，氧化镁微膨胀混凝土的自生体积变形具有以下特性[62-63]：

（1）氧化镁微膨胀混凝土的最终膨胀量只与氧化镁的含量有关。由于氧化镁微膨胀混凝土的膨胀性来源于水泥中所含氧化镁晶体水化生成氢氧化镁时的体积膨胀，因此当氧化镁含量一定时，混凝土的最终膨胀量也是一定的。

（2）温度越高，氧化镁混凝土膨胀速度越快。温度越高，氧化镁水化生成氢氧化镁的速度越快，加之氧化镁混凝土膨胀速率又与氧化镁的水化速度成正比，因此氧化镁混凝土膨胀速度与温度也是正比关系。与常规混凝土相比，温度升高时氧化镁混凝土体积膨胀，温度降低时氧化镁混凝土体积仍然膨胀，这是氧化镁混凝土与常规混凝土在受温度影响而产生变形时的最大区别。

（3）氧化镁微膨胀混凝土自生体积变形的单调递增性。在常温条件下，氧化镁的水化反应是一个不可逆过程，氧化镁可以水化生成氢氧化镁而产生体积膨胀，但是氢氧化镁不能还原成氧化镁而产生体积收缩，因此，由氧化镁水化膨胀引起的混凝土自生体积变形是单调递增的过程。

（4）氧化镁混凝土早期膨胀速率大，约有 80% 的膨胀量在 20～1000d 内完成。随着水化反应的发展，氧化镁含量逐渐降低，氧化镁混凝土膨胀速率也逐渐减小，当氧化镁全部水化时，变形速率趋于零，膨胀变形结束。

微膨胀混凝土中无论是内含还是外掺氧化镁，其力学性能与普通混凝土的力学性能并无太大差异，在很多方面还要优于普通的混凝土[69]。

（1）弹性模量。混凝土弹性模量是温度徐变应力计算中一个非常重要的参数。氧化镁微膨胀混凝土的弹性模量随龄期的增长而增大，相同养护条件下微膨胀混凝土的弹性模量略大于普通混凝土的弹性模量。氧化镁的含量对微膨胀混凝土的弹性模量也有所影响，氧化镁含量越高，弹性模量越大。另外，养护温度越高，氧化镁混凝土相同龄期的弹性模量也越大。

（2）强度。强度是混凝土最基本的力学性能指标，在水工建筑物中，混凝土的抗拉强度又是大体积混凝土抗裂性能的重要指标。由于氧化镁的膨胀作用使得混凝土结构更加密实，因此氧化镁混凝土与普通混凝土相比较，抗拉强度可提高 10%左右，抗压强度可提高 3%～6%。

氧化镁混凝土的抗压强度与抗拉强度都随混凝土龄期的增长而增大，且随氧化镁含量的增加而提高。另外，试验研究还表明，微膨胀对混凝土力学性质的影响不大，氧化镁混凝土的长期力学性能是安定的。

（3）徐变。混凝土在恒定的持续应力作用下，应变将随着时间的延长而不断增加，这种现象称为混凝土的徐变。混凝土的徐变是温度徐变应力计算所必需的资料，是一项重要的力学指标。徐变度即为在单位应力作用下的徐变变形。徐变变形比瞬时弹性变形要大 1～3 倍，因此其对温度应力的影响很大，正确设计可使温度应力减小一半左右。

氧化镁混凝土徐变的变形规律与普通混凝土徐变变形规律一致，都随加载龄期的增大而减小，随持续时间的增加而增大。对比相同配合比的普通混凝土与氧化镁混凝土，氧化镁混凝土的徐变较普通混凝土的徐变度大，一般要大 20%左右，其增幅与氧化镁混凝土中氧化镁的含量有关；并且加载初期氧化镁混凝土的徐变速率稍大于普通混凝土的徐变速率。另外，氧化镁混凝土的徐变系数也要大于普通混凝土的徐变系数。徐变系数与应力松弛成正比，徐变系数越大，应力松弛也越大，这对削减温度应力峰值、减少温度裂缝都是极为有利的。

（4）极限拉伸性能。大体积混凝土温度控制设计中，混凝土抗裂性能一般以轴心受拉的极限拉伸值来衡量。氧化镁微膨胀混凝土的极限拉伸值随着龄期的增长而增大，且随着氧化镁含量的增加而提高。当养护温度从 20℃升高至 40℃时，氧化镁混凝土极限拉伸值与普通混凝土相比提高 22%～28%，说明氧化镁混凝土的抗裂性能高于普通混凝土。

（5）干缩变形。混凝土中的水泥水化时生成结晶体和硅酸钙胶体，硅酸钙胶体中包含有大量充满自由水分的微细孔隙，在干燥环境下，胶体孔隙内自由水逐渐蒸发，胶体的体积随着水分的蒸发减少而不断收缩，因此普通混凝土存在较大的干缩变形。氧化镁混凝土由于氧化镁的存水化生成大量的水镁石结晶体，故而与普通混凝土相比较结晶体较多，胶体较少，同时由于氧化镁的膨胀堵塞了胶体的微细孔隙，胶体孔隙内自由水蒸发减弱或蒸发终止，使得氧化镁混凝土的干缩率较小。大量试验表明，相同配合比的氧化镁混凝土与普通混凝土比较，干缩率小 15%～22%，这对大体积混凝土的抗裂是非常有利的。

在长期耐久性方面，氧化镁混凝土也要优于普通的混凝土。如上所述，氧化镁的膨胀作用使得混凝土结构更加密实，水化后所生成的晶体填充了混凝土的微细孔隙，使混凝土孔隙率减小，从而大大提高了混凝土的阻水能力，因此氧化镁微膨胀混凝土还具有比普通混凝土更强的抗渗透能力，一般要高出 60%左右。另外，氧化镁混凝土的抗冻能力也要优于普通混凝土，氧化镁微膨胀混凝土经历 33 次冻融后，相对动弹性模量损失在 50%以下，强度损失在 25%以内，重量损失在 1.5%左右，而普通混凝土在经历 23 次冻融后，其动弹性模量损失会达到 60%，强度损失达到 32%，重量损失约 2.4%。由此，氧化镁的膨胀性能使得混凝土结构更加密实，从而大大提高了其抗冻性能。

9.3　微膨胀混凝土自生体积变形计算模型及应力计算方法

9.3.1　微膨胀混凝土自生体积变形

根据氧化镁微膨胀混凝土自生体积变形的特性可知，氧化镁微膨胀混凝土自生体积变形不仅与混凝土的龄期有关，还与养护温度密切相关，氧化镁微膨胀混凝土自生体积变形的数学表达式应满足以下关系[70]：

（1）即 $\tau = 0$ 时，$\varepsilon_0^g = 0$；

（2）混凝土龄期 $\tau \to \infty$ 时，$\dfrac{\partial \varepsilon_0(\tau)}{\partial \tau} = 0$；

（3）养护温度不变的条件下，ε^g 随混凝土龄期 τ 单调递增；

（4）混凝土龄期相同的条件下，养护温度越高，自生体积变形越大。

氧化镁微膨胀混凝土自生体积变形的计算模型很多，本节选择几个有代表性的计算模型加以讨论。

9.3.2　微膨胀混凝土自生体积变形计算模型

国家电力公司成都勘测设计研究院李承木在进行了长达 20 年的氧化镁微膨胀混凝土自生体积变形试验研究后，得出不同养护温度下氧化镁微膨胀混凝土自生体积变形与龄期的关系，并提出任意温度下的自生体积变形的经验表达式[71]：

$$G(\tau, T) = G(T)[1 - e^{-m(T)\tau^{S(T)}}] \times 10^{-6} \qquad (9-1)$$

式中　　$G(\tau, T)$ ——任意温度下混凝土的自生体积变形；

$\qquad\quad T$ ——试验温度，℃；

$\qquad\quad \tau$ ——试验观测龄期，d。

$G(T)$、$m(T)$、$S(T)$ 的计算公式为

$$G(T) = 100.000 + 2.810T - 0.000\,1 e^{0.001T^{2.401}} \qquad (9-2)$$

$$m(T) = 0.016\,76\, e^{0.001T^2} + 0.097 e^{-0.022T^{1.66}} - 0.000\,2T - 2.528 \times 10^{-8} e^{0.001T^{2.45}} - 0.069 e^{-0.000\,7T^{2.88}} \qquad (9-3)$$

$$S(T) = 0.750 - 0.003T^{1.06} \qquad (9-4)$$

氧化镁微膨胀混凝土自生体积变形的经验表达式是基于试验数据得出的，一般情况下能很好地描述养护温度恒定情况下混凝土的自生体积变形（图 9-1）。但是当养护温度 $T > 45$℃时，温度越高混凝土自生体积变形反而越小，这显然与混凝土自生体积变形的特点不符。另外，当养护温度 $T > 48.3$℃时，$m(T)$ 出现负值；当养护温度 $T > 54.4$℃时，$G(T)$、$m(T)$ 均出现负值，从而导致氧化镁微膨胀混凝土自生体积变形 $G(\tau, T)$ 产生发散而出现错误。在实际工程，混凝土温度超过 45℃较为常见，C40、C50 等高标号硅粉混凝土温度超过 54.4℃也常有

发生，因此该经验表达式是有一定的缺陷的。

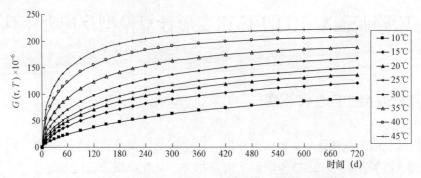

图 9-1　氧化镁微膨胀混凝土自生体积变形经验公式拟合曲线

文献［72］在分析了氧化镁微膨胀混凝土自生体积变形的特点后发现，当氧化镁含量一定时，不同养护温度下混凝土自生体积变形与时间的关系曲线近似为一条双曲线，因此提出氧化镁微膨胀混凝土自生体积变形的双曲线模型。

双曲线模型在考虑变温条件下自生体积变形的表达式为

$$\varepsilon = \frac{\tau}{a(T)+b(T)} \times 10^{-6} \qquad (9-5)$$

其中，
$$a(T)=a_1 T^{a_2}, \quad b(T)=b_1 T^{b_2}$$

式中　　τ——混凝土龄期，d；

　　　　T——温度，℃；

a_1、a_2、b_1、b_2——可由试验数据来确定。

实际计算时，由于氧化镁微膨胀混凝土自生体积变形与温度 T 和龄期 τ 都是非线性关系，因此应采用增量形式的计算模式。对式（9-5）进行 Taylor 展开，仅保留展开式的一阶项，温度 T 和龄期 τ 均取时段中间值，则得双曲线模型中点增量法方程

$$\Delta \varepsilon_n = \frac{a_1 T'^{a_2}}{(a_1 T'^{a_2}+b_1 T'^{b_2}\tau_{\mathrm{mid}})^2}(\tau_n-\tau_{n-1}) \times 10^{-6} \qquad (9-6)$$

其中，
$$T'=\frac{T_n+T_{n-1}}{2}$$

式中　　T_n、T_{n-1}——τ_n、τ_{n-1} 时刻混凝土的温度；

　　　　τ_{mid}——计算时段中点时刻。

双曲线模型在一定程度上能反映氧化镁微膨胀混凝土自生体积变形的特点，计算参数少，且容易确定。但是双曲线模型存在一个致命的缺陷就是应用该模型计算温度突变或变温过程时，计算结果与氧化镁微膨胀混凝土自生体积变形的特点不符：温度升高时自生体积变形值偏小，温度降低时自生体积变形值偏大。文献［73］对此进行了详细的分析。

文献［73］设计了两条温度历程线，温度历程线 A：在 12d 内混凝土温度由 20℃上升到40℃，随后的 340d 内缓慢降至 25℃；温度历程线 B：在 12d 内混凝土温度由 20℃上升到40℃，此后一直保持 40℃的温度不变。运用双曲线模型的中点增量法计算混凝土的自生体积变形，结果如图 9-2 所示。由图 9-2 可知，温度历程线 A 混凝土自生体积变形最终值要大于温度

历程线 B 混凝土自生体积变形最终值，此与微膨胀混凝土自生体积变形的试验结果不符。

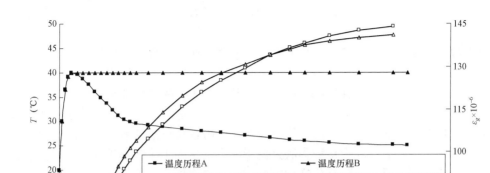

图 9-2　双曲线模型计算的混凝土自生体积变形

为了克服这一问题，在充分分析双曲线模型的不足后，提出了微膨胀混凝土变温条件下的当量龄期法，即当温度发生变化后，计算混凝土的自生体积变形的增量时不再采用同时刻的切线斜率，而是采用变温后曲线上与变温前具有相同自生体积变形处的切线斜率。

如图 9-3 所示，混凝土温度升高前的 t_i 时刻温度为 T_i，对应于 A 点的方向导数 $\varepsilon'_A = \varepsilon'_g(t_i, T_i)$；混凝土温度升高后的 t_{i+1} 时刻温度为 T_{i+1}，对应于 B 点的方向导数 $\varepsilon'_B = \varepsilon'_g(t_{i+1}, T_{i+1})$。运用常规的中点法计算混凝土的自生体积变形时，中间时刻 t_i^{mid} 的温度为 T_i^{mid}，对应于 C 点的方向导数 $\varepsilon'_C = \varepsilon'_g(t_i^{mid}, T_i^{mid})$，当混凝土温度升高时，自生体积变形的实际变化率大于该处的方向导数。而运用当量龄期法计算混凝土自生体积变形时，用 D 点的方向导数替代 C 点的方向导数，即采用 $\varepsilon'_D = \varepsilon'_g(t^*, T_{i+1})$ 代替常规中点法的 ε'_C，T_{i+1} 曲线上 D 点对应的时刻 t^* 为当量龄期。由图 9-3 可知，$\varepsilon'_D > \varepsilon'_C$，因此，采用当量龄期法计算的混凝土自生体积变形大于常规中点法计算的自生体积变形，从而克服了常规中点法计算升温时混凝土自生体积变形偏小的缺点。

当混凝土温度降低时，采用当量龄期法计算混凝土自生体积变形，用 T_{i+1} 曲线上 D 点的方向导数替代 C 点的方向导数，如图 9-4 所示。由于 $\varepsilon'_D < \varepsilon'_C$，因此降温时采用当量龄期法计算的混凝土自生体积变形小于常规中点法计算的自生体积变形，从而克服了常规中点法计算降温时混凝土自生体积变形偏大的缺点。

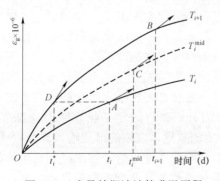

图 9-3　当量龄期法计算升温历程

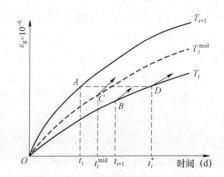

图 9-4　当量龄期法计算降温历程

采用当量龄期法计算混凝土自生体积变形的结果虽然与试验结果吻合很好，但该方法物理意义不明确，单纯只是为了与试验结果相吻合的一种做法，而且程序设计上也存在一定的难度。

通过对以上微膨胀混凝土自生体积变形计算模型的研究发现，仅将混凝土温度和龄期作为变量来计算混凝土自生体积变形的方法，对于温度恒定的情况计算出的膨胀量大小与试验值吻合较好，但对于变温情况计算出的结果往往与混凝土自生体积变形的特性不符。究其原因，温度变化时混凝土自生体积变形的速率发生了较大的变化，而以上模型均未考虑。因此，要想真实模拟出变温情况下混凝土自生体积变形，还需建立膨胀速率与温度之间的关系。

文献［74］从微膨胀混凝土体积膨胀是由于混凝土中的氧化镁颗粒水化生产氢氧化镁晶体这一化学反应过程入手，提出氧化镁微膨胀混凝土自生体积变形的动力学计算模型，并建立混凝土自生体积变形速率与氧化镁的浓度及温度的关系

$$\frac{d\varepsilon(\tau)}{d\tau} = A \cdot \varepsilon_0 \cdot \left[1 - \frac{\varepsilon(\tau)}{\varepsilon_0}\right]^{\beta_1 + \beta_2 T + \beta_3 T^2} \cdot e^{\frac{\gamma}{T+273}} \qquad (9-7)$$

式中　　A ——氧化镁水化生产氢氧化镁的反应因子；

　　　　ε_0 ——氧化镁混凝土自生体积变形最终值；

　　　　T ——计算时刻混凝土的温度；

　　　　γ ——待定系数，$\gamma = \frac{E}{R}$，E 为化学反应活化能，R 为摩尔气体常数；

β_1、β_2、β_3 ——待定系数。

式（9-7）为增量计算式，一般难以得到其解析解。实际计算时可采用以下递推式进行求解。

$$\begin{cases} \varepsilon_g^0 = 0 \\ \varepsilon_g^n = \varepsilon_g^{n-1} + \Delta\varepsilon_g^n \\ \Delta\varepsilon_g^n = A \cdot \varepsilon_0 \cdot \left[1 - \frac{\varepsilon(\tau)}{\varepsilon_0}\right]^{\beta_1 + \beta_2 T + \beta_3 T^2} \cdot e^{\frac{\gamma}{T+273}} \cdot \Delta\tau \end{cases} \qquad (9-8)$$

氧化镁微膨胀混凝土自生体积变形计算的动力学模型从化学反应的一般规律出发，建立了混凝土自生体积变形速率与氧化镁的浓度及温度的关系。经验证，只要计算参数拟合得好，动力学模型能很好地反映微膨胀混凝土自生体积变形的特性，且能很好的模拟变温情况下自生体积变形的规律。但涉及的计算参数较多，参数拟合较为烦琐。

关于微膨胀混凝土自生体积变形的计算模型，已有很多学者做出了大量的研究工作，最终的研究成果均是将自生体积变形以函数的形式给出，函数拟合曲线尽量与混凝土自生体积变形试验曲线相吻合。此种做法受以往计算机硬件发展水平的限制，混凝土自生体积变形以函数的形式给出能节省计算机的内存。但是影响混凝土自生体积变形的因素非常多，可能有些仍不为人们发现，因此将混凝土自生体积变形的复杂变化过程仅采用函数的形式给出显然还不够。现今计算机硬件水平得到了长足的发展，而且一些有限元商业软件如 ANSYS、ABAQUS、MARC 等，能将混凝土自生体积变形试验实测数据以表格的形式输入计算程序中，计算出任意时刻、任意温度下混凝土自生体积变形值。因此在计算时即将混凝土自生体积变形实测数据以表格的形式输入到 ANSYS 软件中，若计算点处在两个实测数据点之间，则采用插值方法求得。

9.3.3　微膨胀混凝土温度应力计算方法

氧化镁微膨胀混凝土温度应力的分析方法目前仍然是采用初应变法。氧化镁微膨胀混凝土水化过程中将产生膨胀变形，且该膨胀变形是随混凝土龄期、温度等因素发展变化的，采用初应变法的增量求解式可以很好地模拟其发展变化的过程。

大体积混凝土结构在温度、外荷载等的作用下，单元的温度徐变应力矩阵方程可表示为[75]

$$[K_n]^e \{\Delta\delta_n\}^e = \{\Delta P_n\}^e + \{\Delta P_n^C\}^e + \{\Delta P_n^T\}^e + \{\Delta P_n^g\}^e \qquad (9-9)$$

式中　　$[K_n]^e$——单元刚度矩阵，$[K_n] = \int_{\Omega_e}[B]^T[D_n][B]\mathrm{d}\Omega$；

$\{\Delta\delta_n\}^e$——单元节点的位移增量列向量；

$\{\Delta P_n\}^e$——外荷载的增量列向量；

$\{\Delta P_n^C\}^e$——徐变应变增量对应的等效荷载列向量；

$\{\Delta P_n^T\}^e$——单元节点温差引起的变形增量对应的等效荷载列向量；

$\{\Delta P_n^g\}^e$——单元节点自生体积变形增量对应的等效荷载列向量。

将计算域中所有单元集合得整体温度应力矩阵方程

$$[K_n]\{\Delta\delta_n\} = \{\Delta P_n\} + \{\Delta P_n^C\} + \{\Delta P_n^T\} + \{\Delta P_n^g\} \qquad (9-10)$$

据式（9-10）求得各节点位移增量$\{\Delta\delta_n\}$后，进而可推求出应力增量$\{\Delta\sigma_n\}$，将应力增量$\{\Delta\sigma_n\}$与上一时刻的应力叠加即得到现时刻的徐变应力值。

单元节点自生体积变形增量对应的等效荷载列向量可表示为

$$\{\Delta P_n^g\}^e = \int_{\Omega_e}[B]^T[\overline{D_n}]\{\Delta\varepsilon_n^g\}\mathrm{d}v \qquad (9-11)$$

式中　　$\{\Delta\varepsilon_n^g\}$——单元节点自生体积变形增量。

因此只要微膨胀混凝土自生体积变形已知，即可将自生体积变形的增量作为初应变，计算结构的温度徐变应力。

9.4　微膨胀混凝土对严寒地区碾压混凝土坝越冬层面应力补偿研究

研究氧化镁微膨胀混凝土对严寒地区碾压混凝土重力坝越冬层面应力补偿效果时，其研究对象、工程基本资料与4.1节相同。坝体有限元计算模型如图4-3所示。坝体混凝土浇筑初凝后即在坝体上、下游面铺设5cm厚的XPS挤塑板，并实行全年保温。越冬层面（645.0m高程和699.0m高程）上在冬季停浇时表面也铺设5cm厚的XPS挤塑板。

越冬层面恢复混凝土浇筑时，在640.0～651.0m高程和693.0～705.0m高程采用氧化镁微膨胀混凝土。氧化镁微膨胀混凝土自生体积变形如图9-5所示。

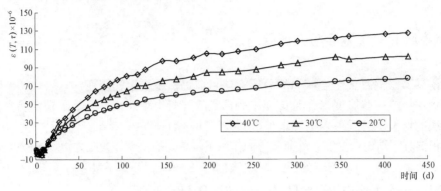

图 9-5　氧化镁微膨胀混凝土自生体积变形

温度应力计算时将氧化镁微膨胀混凝土自生体积变形的实测数据以表格的形式输入到
ANSYS 软件中，若计算点处在两个实测数据点之间，则采用插值方法求得。

氧化镁对混凝土的绝热温升、导热系数、导温系数以及线膨胀系数等影响甚微，因此在
越冬层面附近 640.0～651.0m 高程和 693.0～705.0m 高程采用氧化镁微膨胀混凝土后，坝体温
度场不会出现明显变化，详见 8.3.1 节。

应力场仿真计算成果主要给出了越冬层面 X、Y、Z 三个方向温度应力包络线图和坝体中
横剖面典型点 X、Y、Z 三个方向温度应力包络线图。

图 9-6～图 9-8 为施工期第一年至第二年度冬季停浇越冬层面 645.0m 高程 X、Y、Z 三
个方向温度应力包络线图。由图可知，上游面 X 向温度应力最大值为 0.84MPa，下游面 X 向
温度应力最大值为 0.89MPa，均出现在二分之一坝段宽度处；中心部位 X 向温度应力最大值
约为 0.7MPa。越冬层面附近采用氧化镁微膨胀混凝土后，645.0m 高程上、下游面 X 向温度
应力最大值减小 0.34～0.64MPa，补偿效果明显，中心部位略有减小，且整个越冬层面上 X
向温度应力均未超过碾压混凝土抗拉强度（1.71MPa），因此不会出现温度裂缝。

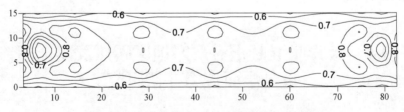

图 9-6　645.0m 高程 X 向温度应力包络线图

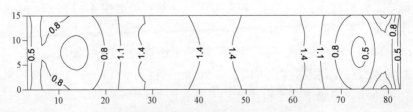

图 9-7　645.0m 高程 Y 向温度应力包络线图

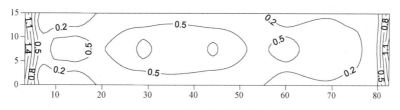

图 9-8　645.0m 高程 Z 向温度应力包络线图

Y 向温度应力最大值为 1.47MPa，出现在 645.0m 高程中心部位。越冬层面下部采用氧化镁微膨胀混凝土后，在冬季低温季节产生微膨胀，补偿由于温降产生的温度应力，因此 Y 向温度应力最大值较未采用氧化镁微膨胀混凝土时减小了 0.71MPa，补偿效果明显。采用氧化镁微膨胀混凝土后 645.0m 高程 Y 向温度应力均未超过碾压混凝土的抗拉强度（1.71MPa），因此不会出现温度裂缝。

645.0m 高程越冬层面上下均采用氧化镁微膨胀混凝土后，上游面 Z 向温度应力最大值为 1.61MPa，下游面 Z 向温度应力最大值为 1.44MPa，中心部位 Z 向温度应力较小，约为 0.5MPa。越冬层面上部采用氧化镁微膨胀混凝土后，后期产生的微膨胀能补偿下部混凝土强约束导致的应力，因此 645.0m 高程上、下游面 Z 向温度应力最大值减小了 0.48~0.73MPa，补偿效果明显，中心部位略有减小，且整个越冬层面上 Z 向温度应力均未超过碾压混凝土的抗拉强度（1.71MPa），因此不会出现温度裂缝。

图 9-9~图 9-11 为施工期第二年至第三年度冬季停浇越冬层面 699.0m 高程 X、Y、Z 三个方向温度应力包络线图。由图可知，上游面 X 向温度应力最大值为 0.92MPa，下游面 X 向温度应力最大值为 1.26MPa，均出现在二分之一坝段宽度处。越冬层面附近采用氧化镁微膨胀混凝土后，699.0m 高程上、下游面 X 向温度应力最大值减小 0.11~0.12MPa。

Y 向温度应力最大值为 1.16MPa，出现在 699.0m 高程中心部位。越冬层面下部采用氧化镁微膨胀混凝土后，在冬季低温季节产生微膨胀，补偿由于温降产生的温度应力，因此 Y 向温度应力最大值较未采用氧化镁微膨胀混凝土时减小了 0.38MPa，

699.0m 高程上游面 Z 向温度应力最大值为 1.45MPa，下游面 Z 向温度应力最大值为 1.19MPa，中心部位 Z 向温度应力较小，约为 0.4MPa。越冬层面上部采用氧化镁微膨胀混凝土后，后期产生的微膨胀能补偿下部混凝土强约束导致的应力，因此 699.0m 高程上、下游面 Z 向温度应力最大值减小了 0.15~0.17MPa，但 699.0m 高程处于非约束区，氧化镁微膨胀混凝土补偿效果较弱。

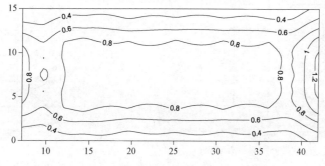

图 9-9　699.0m 高程 X 向温度应力包络线图

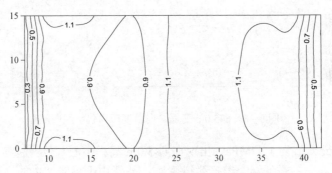

图 9-10　699.0m 高程 Y 向温度应力包络线图

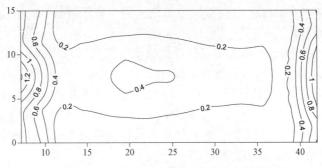

图 9-11　699.0m 高程 Z 向温度应力包络线图

图 9-12～图 9-14 为坝体中横剖面典型点 X、Y、Z 三个方向温度应力包络线图。由图

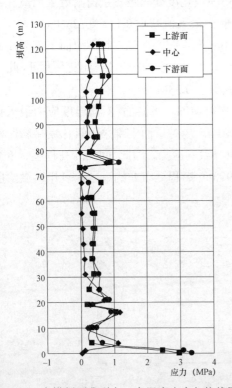

图 9-12　中横剖面典型点 X 向温度应力包络线图

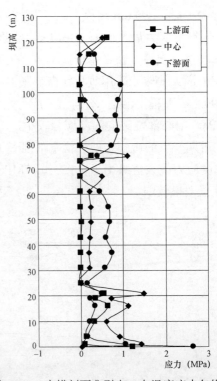

图 9-13　中横剖面典型点 Y 向温度应力包络线图

可知,越冬层面附近采用氧化镁微膨胀混凝土后,使用氧化镁混凝土高程内应力均有所减小。但是在氧化镁微膨胀混凝土的分界面(特别是640.0m高程)上应力有所增加,主要原因是上、下层混凝土变形不协调。

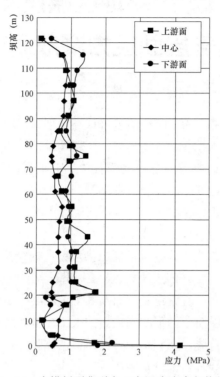

图9-14　中横剖面典型点 Z 向温度应力包络线图

10　人工短缝对严寒地区碾压混凝土重力坝越冬层面应力释放研究

　　在碾压混凝土拱坝设计中，为了防止温度降低导致坝体混凝土产生裂缝，国内外已建的碾压混凝土拱坝中普遍采用诱导缝的分缝形式。所谓诱导缝，就是在坝体碾压混凝土中人为地形成一个潜在的"缝"，该缝具有一定的抗拉强度，但强度较周边混凝土强度低。当诱导缝断面上的拉应力超过其等效强度时，诱导缝自动张开，释放坝体的拉应力，避免坝体混凝土产生无序的温度裂缝。目前诱导缝在我国几座碾压混凝土拱坝中已经得到成功应用[79-82]。

　　严寒地区碾压混凝土重力坝越冬层面上、下游侧受上、下层混凝土的大温差以及下部混凝土的强约束，易出现水平裂缝。从碾压混凝土拱坝设诱导缝释放坝体应力中得到启示，考虑在越冬层面或上部混凝土的上、下游侧设置人工短缝，当出现拉应力时人工短缝自动张开，释放越冬层面混凝土的拉应力，避免越冬层面及其上部混凝土中出现其他裂缝。

　　碾压混凝土重力坝越冬层面上、下游侧设置的人工短缝如图 10-1 所示，与碾压混凝土拱坝中的诱导缝有所不同。首先，在构造上，两缝具有本质上的区别。诱导缝是在拱坝横断面中按照一定的规律埋设诱导片，部分切断坝体混凝土，形成诱导缝断面。根据诱导片间隔布置形式的不同，可将诱导缝分为单向间隔诱导缝和双向间隔诱导缝两种（见图 10-2）。诱导缝可以承受一定的拉应力，只有在拉应力超过诱导缝的等效强度时，诱导缝才张开。而碾

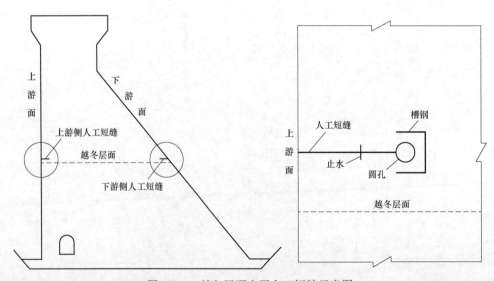

图 10-1　越冬层面水平人工短缝示意图

压混凝土重力坝越冬层面上、下游侧设置的人工短缝为构造缝，不能承受拉应力。在人工短缝上游侧设置止水，缝末端采用拔管法形成圆孔，以避免缝端应力集中。圆孔末端布设槽钢，以防止裂缝扩展（图10-1）。其次在缝的布置上也有较大的区别。碾压混凝土拱坝中的诱导缝一般采取沿拱圈径向布置在坝体横断面上，而碾压混凝土重力坝越冬层面上、下游侧设置的人工短缝为平行于坝轴线方向的水平施工缝，深入坝体碾压混凝土1～3m。

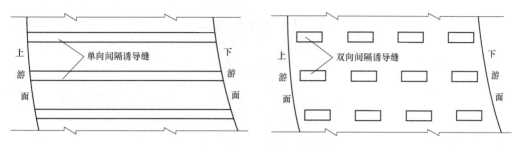

图10-2　拱坝诱导缝结构示意图

本章就严寒地区碾压混凝土重力坝越冬层面上、下游侧设置人工短缝对越冬层面混凝土应力释放的效果展开深入的研究，进一步解决越冬层面上、下游侧混凝土易出现水平裂缝这一问题。

10.1　人工短缝的数值模型

碾压混凝土重力坝越冬层面上、下游侧设置的人工短缝为构造缝，数值计算时可采用以下三种单元进行模拟。

10.1.1　三维节理单元

三维节理单元厚度为e，每个单元8个节点，如图10-3所示。节理单元厚度$e \to 0$，对单元节点坐标进行坐标变换，得下表面的坐标为[83-84]

$$\begin{cases} x = \sum_{i=1}^{4} N_i(\xi, \eta) x_i \\ y = \sum_{i=1}^{4} N_i(\xi, \eta) y_i \\ z = \sum_{i=1}^{4} N_i(\xi, \eta) z_i \end{cases} \tag{10-1}$$

式中　N_i（$i = 1$，2，3，4）——形函数，表达式如下

$$N_i = \frac{1}{4}(1 + \xi_0)(1 + \eta_0) \qquad \xi_0 = \xi_i \xi, \eta_0 = \eta_i \eta \quad (i = 1, 2, 3, 4) \tag{10-2}$$

三维节理单元中间为曲面，其坐标可表示为

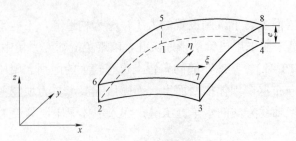

图 10-3 三维节理单元

$$
\begin{cases}
x = \sum_{i=1}^{4} N_i(\xi,\eta)\overline{x}_i \\[2mm]
y = \sum_{i=1}^{4} N_i(\xi,\eta)\overline{y}_i \\[2mm]
z = \sum_{i=1}^{4} N_i(\xi,\eta)\overline{z}_i
\end{cases}
\tag{10-3}
$$

其中，$\overline{x}_i = \dfrac{1}{2}(x_i + x_{i+8})$，$\overline{y}_i = \dfrac{1}{2}(y_i + y_{i+8})$，$\overline{z}_i = \dfrac{1}{2}(z_i + z_{i+8})$。

三维节理单元上、下表面在 x、y、z 三个方向的位移差为

$$
\begin{Bmatrix}
\Delta u \\
\Delta v \\
\Delta w
\end{Bmatrix} = [N]\{\delta\}^{e}
\tag{10-4}
$$

$$
[N] = \begin{bmatrix}
-N_1 & 0 & 0 & \cdots & -N_4 & 0 & 0 & N_1 & 0 & 0 & \cdots & N_4 & 0 & 0 \\
0 & -N_1 & 0 & \cdots & 0 & -N_4 & 0 & 0 & N_1 & 0 & \cdots & 0 & N_4 & 0 \\
0 & 0 & -N_1 & \cdots & 0 & 0 & -N_4 & 0 & 0 & N_1 & \cdots & 0 & 0 & N_4
\end{bmatrix}
$$

单元内任意点 (ξ_0,η_0) 上建立局部坐标系 (x',y',z')，且 z' 轴垂直于单元中面。在 (ξ_0,η_0) 单元中面上有两条曲线，分别为 $\xi=\xi_0$ 和 $\eta=\eta_0$。作单元中面切向量 $\mathrm{d}\boldsymbol{\xi}$ 和 $\mathrm{d}\boldsymbol{\eta}$，$\mathrm{d}\boldsymbol{\xi}$ 与曲线 $\eta=\eta_0$ 相切，$\mathrm{d}\boldsymbol{\eta}$ 与曲线 $\xi=\xi_0$ 相切。则有

$$
\mathrm{d}\boldsymbol{\xi} = \left(\boldsymbol{i}\frac{\partial x}{\partial \xi} + \boldsymbol{j}\frac{\partial y}{\partial \xi} + \boldsymbol{k}\frac{\partial z}{\partial \xi}\right)\mathrm{d}\xi
\tag{10-5}
$$

$$
\mathrm{d}\boldsymbol{\eta} = \left(\boldsymbol{i}\frac{\partial x}{\partial \eta} + \boldsymbol{j}\frac{\partial y}{\partial \eta} + \boldsymbol{k}\frac{\partial z}{\partial \eta}\right)\mathrm{d}\eta
\tag{10-6}
$$

式中　$\boldsymbol{i}$、$\boldsymbol{j}$、$\boldsymbol{k}$ —— x、y、z 三个方向的单位向量。

令 z' 与单元中面切向量 $\mathrm{d}\boldsymbol{\xi}$ 和 $\mathrm{d}\boldsymbol{\eta}$ 垂直，则 z' 与单元中面垂直，得

$$
z' = \mathrm{d}\boldsymbol{\xi} \times \mathrm{d}\boldsymbol{\eta} = \begin{vmatrix}
\boldsymbol{i} & \boldsymbol{j} & \boldsymbol{k} \\
\dfrac{\partial x}{\partial \xi} & \dfrac{\partial y}{\partial \xi} & \dfrac{\partial z}{\partial \xi} \\
\dfrac{\partial x}{\partial \eta} & \dfrac{\partial y}{\partial \eta} & \dfrac{\partial z}{\partial \eta}
\end{vmatrix}
\tag{10-7}
$$

由式（10-7）即可求得 z' 方向余弦 l_3、m_3 和 n_3。另外两个坐标轴 x' 和 y' 与单元中面相切，令

$$y' = z' \times x = \begin{vmatrix} \boldsymbol{i} & \boldsymbol{j} & \boldsymbol{k} \\ l_3 & m_3 & n_3 \\ 1 & 0 & 0 \end{vmatrix} \quad (10-8)$$

即可求得 y' 方向余弦 l_2、m_2 和 n_2。若坐标轴 z' 与 x 轴平行，则 $y' = z' \times y$。根据 x' 正交于 y' 和 z' 可得

$$x' = y' \times z' \quad (10-9)$$

因此可求得 x' 方向余弦 l_1、m_1 和 n_1。于是得到局部坐标系 (x', y', z') 方向余弦矩阵为

$$[L] = \begin{vmatrix} l_1 & l_2 & l_3 \\ m_1 & m_2 & m_3 \\ n_1 & n_2 & n_3 \end{vmatrix} \quad (10-10)$$

三维节理单元中任意点 (ξ, η)，单元上下表面在局部坐标系 (x', y', z') 三个方向的位移差可由式（10-4）经坐标转换求得

$$\begin{Bmatrix} \Delta u' \\ \Delta v' \\ \Delta w' \end{Bmatrix} = [L] \begin{Bmatrix} \Delta u \\ \Delta v \\ \Delta w \end{Bmatrix} = [L][N]\{\delta\}^e \quad (10-11)$$

局部坐标系 (x', y', z') 中单元内任意点的应变可用节理单元上、下表面位移差表示

$$\{\varepsilon'\} = \begin{Bmatrix} \gamma_{x'z'} \\ \gamma_{y'z'} \\ \varepsilon_{z'} \end{Bmatrix} = \frac{1}{e} \begin{Bmatrix} \Delta u' \\ \Delta v' \\ \Delta w' \end{Bmatrix} = [B']\{\delta\}^e \quad (10-12)$$

其中，$[B'] = \dfrac{1}{e}[L][N]$。

由于三维节理单元厚度 $e \to 0$，因此假定单元内的应力分量与位移差成正比，可得

$$\begin{cases} \tau_{x'z'} = \lambda_s \Delta u + \tau_{x'z'0} \\ \tau_{y'z'} = \lambda_s \Delta v + \tau_{y'z'0} \\ \sigma_{z'} = \lambda_n \Delta w + \sigma_{z'0} \end{cases} \quad (10-13)$$

式中　λ_s ——节理单元切向劲度系数；

λ_n ——节理单元法向劲度系数；

$\tau_{x'z'0}$、$\tau_{y'z'0}$ ——节理单元内初始剪应力；

$\sigma_{z'0}$ ——节理单元内初始正应力。

在局部坐标系 (x', y', z') 中，任意点的应力可表示为

$$\{\sigma'\} = \begin{Bmatrix} \tau_{x'z'} \\ \tau_{y'z'} \\ \sigma_{z'} \end{Bmatrix} = [D']\{\varepsilon'\} + \{\sigma'_0\} \quad (10-14)$$

其中
$$[D'] = \begin{bmatrix} \lambda_s & 0 & 0 \\ 0 & \lambda_s & 0 \\ 0 & 0 & \lambda_n \end{bmatrix}$$

三维节理单元刚度矩阵为

$$[k]^e = \frac{1}{e}\iint [B']^T [D'][B]\mathrm{d}x\mathrm{d}y = \int_{-1}^{1}\int_{-1}^{1}[N]^T [L]^T [D'][L][N]|J|\mathrm{d}\xi\mathrm{d}\eta \qquad (10-15)$$

其中
$$|J| = \left\{ \left(\frac{\partial x}{\partial \xi}\frac{\partial y}{\partial \eta} - \frac{\partial x}{\partial \eta}\frac{\partial y}{\partial \xi}\right)^2 + \left(\frac{\partial y}{\partial \xi}\frac{\partial z}{\partial \eta} - \frac{\partial y}{\partial \eta}\frac{\partial z}{\partial \xi}\right)^2 + \left(\frac{\partial z}{\partial \xi}\frac{\partial x}{\partial \eta} - \frac{\partial z}{\partial \eta}\frac{\partial x}{\partial \xi}\right)^2 \right\}^{\frac{1}{2}}$$

初应力产生的节点荷载为

$$\{P\}_{\sigma_0}^e = \int_{-1}^{1}\int_{-1}^{1}[N]^T [L]^T \{\sigma_0'\}|J|\mathrm{d}\xi\mathrm{d}\eta \qquad (10-16)$$

10.1.2 无厚度接触面单元

无厚度接触单元最早由 Goodman 提出，因此也叫 Goodman 单元[85-88]。最初采用一维两节点来模拟接触面，节点间采用法向和切向弹簧连接。后来发展成为二维四节点单元，单元本身没有厚度，用法向刚度和切向刚度来表征接触面的力学性质，能传递正应力和剪应力。Goodman 单元能很好地模拟接触面的特性，因此被广泛应用。

Goodman 所提出的无厚度接触单元如图 10-4 所示。该单元由四个节点，每个节点有两个自由度。接触面上采用无数微小弹簧连接。

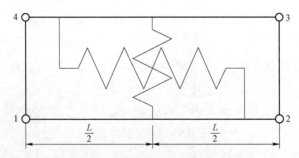

图 10-4　4 节点 8 自由度 Goodman 单元

Goodman 接触面单元本构关系式可表示为

$$\begin{Bmatrix} \sigma \\ \tau \end{Bmatrix} = \begin{bmatrix} k_n & 0 \\ 0 & k_s \end{bmatrix} \begin{Bmatrix} \omega_n \\ \omega_s \end{Bmatrix} = [D]\{\omega\} \qquad (10-17)$$

式中　σ、τ——接触面单元法向应力和切向应力；

　　　k_n、k_s——接触面单元法向刚度系数和切向刚度系数；

　　　ω_n、ω_s——法向相对位移和切向相对位移。

假定 Goodman 单元的位移沿长度 L 方向按线性变化，则在局部坐标系中位移矩阵可表

示为

$$\{\omega\} = [B]\{\delta'\} \qquad (10-18)$$

其中

$$[B] = \begin{bmatrix} a & 0 & b & 0 & -b & 0 & -a & 0 \\ 0 & a & 0 & b & 0 & -b & 0 & -a \end{bmatrix} \qquad (10-19)$$

$$a = \frac{1}{2} - \frac{x'}{L}, \qquad b = \frac{1}{2} + \frac{y'}{L} \qquad (10-20)$$

由虚功原理可知，在局部坐标系下接触面单元的刚度矩阵为

$$[K'] = \int_{\frac{-L}{2}}^{\frac{L}{2}} [B]^{\mathrm{T}} [D] [B] \, \mathrm{d}x' \qquad (10-21)$$

由坐标转换可得整体坐标系下单元刚度矩阵为

$$[K] = [Q]^{-1} [K'] [Q] \qquad (10-22)$$

实际工程计算时，一般将 Goodman 单元的法向弹性系数取得很大，以防止出现数值计算的"病态"而产生接触面相互嵌入。但是当所求解得到的法向位移存在小的偏差时，其法向应力计算结果就可能出现较大的偏差，甚至出现不合理的情况。文献 [86] 提出了对 Goodman 单元的修正。

修正方法中单元仍然采用无厚度单元，其切向由无数微小弹簧连接，而法相变为由无数微小刚性连杆连接。当单元受压时，法线方向不产生相对位移；当单元受拉时，断开刚性连杆，单元不贡献劲度，如图 10-5 所示。

由于单元受压时法线方向不产生相对位移，因此 $v_1 = v_4$，$v_2 = v_3$。假定修正的 Goodman 单元切向位移 u_1、u_2、u_3、u_4 沿单元长度方向线性分布，则接触面上任意点的位移为

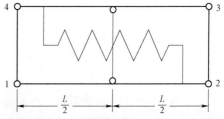

$$\begin{cases} u_u = \left(\frac{1}{2} + \frac{x}{L}\right) u_3 + \left(\frac{1}{2} - \frac{x}{L}\right) u_4 \\ u_d = \left(\frac{1}{2} - \frac{x}{L}\right) u_1 + \left(\frac{1}{2} + \frac{x}{L}\right) u_2 \end{cases} \qquad (10-23)$$

接触面上任意点的相对位移可表示为

$$\omega_s = u_d - u_u \qquad (10-24)$$

式（10-24）采用矩阵形式表示为

$$\{\omega\} = [B]\{\delta\}^{\mathrm{e}} \qquad (10-25)$$

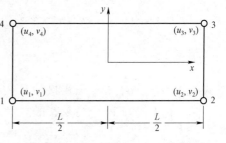

图 10-5　修正的 Goodman 单元

其中，$[B] = [a \ b \ -b \ -a]$，$a = \frac{1}{2} - \frac{x}{L}$，$b = \frac{1}{2} + \frac{x}{L}$。

单元的剪应力与其相对位移的关系可表示为

$$\tau = k_s \, \omega_s \qquad (10-26)$$

由虚位移原理可知

$$\{F_s\}^e = \int_{-\frac{L}{2}}^{\frac{L}{2}} [B]^T k_s [B]\{\delta\}^e \, \mathrm{d}x = [k]\{\delta\}^e \qquad (10-27)$$

式（10-27）中单元刚度矩阵可表示为

$$[k] = \frac{L}{6} \begin{bmatrix} 2k_s & k_s & -k_s & -2k_s \\ k_s & 2k_s & -2k_s & -k_s \\ -k_s & -2k_s & 2k_s & k_s \\ -2k_s & -k_s & 2k_s & k_s \end{bmatrix} \qquad (10-28)$$

切向刚度系数 k_s 的大小与单元应力变形状态有关，可通过直剪试验来确定。

10.1.3 有厚度接触面单元

有厚度接触面单元中有代表性的为德塞（Desai）所提出的薄层接触面单元。假定薄层接触面单元厚度为 t，长度为 L。在通常的连续体单元数值模拟的基础上，Desai 薄层接触面单元的厚度与长度应满足

$$0.01 < \frac{t}{L} < 0.1 \qquad (10-29)$$

假定单元的应变-位移关系式为

$$\{\varepsilon\} = \{\varepsilon_n \quad \varepsilon_s\}^T = \left\{ \frac{v}{t} \quad \frac{u}{t} \right\}^T \qquad (10-30)$$

式中　ε_n——薄层接触面单元内部法向应变；

　　　ε_s——薄层接触面单元内部切向应变；

　　　v——薄层接触面单元内部位移沿单元面法向的位移分量；

　　　u——薄层接触面单元内部位移沿单元面切向的位移分量。

薄层接触面单元应力-应变关系增量表达式为

$$\begin{Bmatrix} \mathrm{d}\sigma_n \\ \mathrm{d}\tau_s \end{Bmatrix} = \begin{bmatrix} k_{nt} & 0 \\ 0 & k_{st} \end{bmatrix} \begin{Bmatrix} \mathrm{d}\varepsilon_n \\ \mathrm{d}\varepsilon_s \end{Bmatrix} \qquad (10-31)$$

式中　$\mathrm{d}\sigma_n$、$\mathrm{d}\tau_s$——薄层接触面单元内部法向和切向应力；

　　　k_{nt}、k_{st}——薄层接触面单元法向刚度系数和切向刚度系数。

由式（10-31）可知，Desai 薄层接触面单元的应力-应变关系与 Goodman 接触面单元相一致。但是该单元弥补了 Goodman 接触面单元无法模拟法向闭合形变的不足，因此广泛应用于实际工程的数值计算中。

10.1.4　接触面单元的选取

当两种材料的物理特性相差较大，或者两个物体间存在一定的缝隙，在进行有限元计算时应在接触处采用接触单元模拟其相互关系。在外力的作用下，接触面两侧的物体之间可能出现的变形状态如图 10-6 所示。

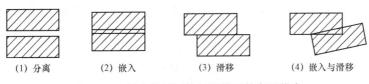

图 10-6　外力作用下接触面单元的变形状态

（1）当外力作用方向垂直于接触面，且接触面单元法线方向出现拉应力后，两侧物体产生法向分离，如图 10-6（1）所示；

（2）当外力作用方向垂直于接触面，且接触面单元法线方向出现压应力后，两侧物体相互压紧，可能出现接触边缘相互嵌入，如图 10-6（2）所示；

（3）当外力作用方向平行于接触面，且接触面上出现剪应力后，两侧物体沿切线方向产生相互滑移，如图 10-6（3）所示；

（4）当外力既有垂直于接触面方向的分量，又有平行于接触面方向的分量，则两侧物体既产生相互嵌入，又产生相互滑移，如图 10-6（4）所示。

碾压混凝土重力坝越冬层面上设置的释放应力的人工短缝为构造缝，缝的两侧混凝土之间为接触关系，在外力作用下，可能出现张开、滑移，但不会出现嵌入现象。因此选取的接触单元在外力作用下只能出现图 10-6（1）、（3）的变形状态，而不能出现（2）、（4）的变形状态。

第 3 章已经详细介绍碾压混凝土重力坝温度场与应力场仿真计算所采用的计算程序是在 ANSYS 平台上进行二次开发的，因此在研究人工短缝对严寒地区碾压混凝土重力坝越冬层面应力释放的效果时，人工短缝的模拟直接采用 ANSYS 软件中的接触单元模型。

ANSYS 软件接触单元众多，可以模拟点-点接触、点-面接触、面-面接触等。而人工短缝实则为面-面接触，具体计算时可采用 ANSYS 软件中的接触对（Targe170、Conta174）来模拟。该单元支持大滑动和摩擦的大变形，允许多种接触方式，更为重要的是具有单元生死功能，支持热-力耦合分析。

解决接触问题，关键是要解决接触物体之间的相互关系。接触物体之间的关系包括两种：切向关系和法向关系。切线关系上，主要考虑接触面间摩擦力的作用；法线关系上，应能实现力的传递，且两个接触物体之间存在相关的协调条件而不致使接触物体间出现相互穿透现象。

接触物体的切向关系本质上可以认为是接触面之间由于正压力的存在而产生摩擦。根据

摩尔-库仑理论，两物体之间产生相互滑移是由于剪应力超过了摩擦力。物体间产生相互滑移时的摩擦力可表示为

$$f = \mu N + C \tag{10-32}$$

式中　μ——摩擦系数；

　　　N——两物体接触面上的正压力；

　　　C——抗滑黏聚力。

当剪应力较小时，物体间不发生滑移，此时两物体为"黏合状态"。在 ANSYS 软件中设置接触面上最大接触摩擦力 TAUMAX，当接触面上剪应力大于等于 TAUMAX 时，接触面上产生相互滑移。一般接触面上最大接触摩擦力为

$$TAUMAX = \frac{\sigma_y}{\sqrt{3}} \tag{10-33}$$

式中　σ_y——接触面周围混凝土的 Mises 屈服应力。

接触面接触摩擦模式如图 10-7 所示。

在 ANSYS 软件中有两种算法可以解决接触物体之间的法向接触关系：即罚函数法和拉格朗日乘子法。

罚函数法运用力与位移的关系，建立接触力、接触刚度以及接触面间穿透值的线性方程

$$F = K\Delta \tag{10-34}$$

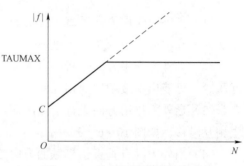

图 10-7　接触面接触摩擦模式

式中　K——接触刚度。接触刚度 K 取值越大，则接触面间穿透值 Δ 值越小。理论上讲当接触刚度 K 为无穷大时，接触面间穿透值 Δ 为零，接触面间为完全的接触状态。但是当接触刚度取值过大时，总体刚度矩阵易出现病态而导致计算结果收敛困难，因此采用罚函数法求解接触问题时接触面间穿透值不可能为零，这必然会导致结算结果出现一定的误差。

拉格朗日乘子法与罚函数法不同，它是将接触力看成为一个拉格朗日乘子，与接触单元位移和约束建立拉格朗日函数，再通过特殊方法如拟牛顿法、梯度法等进行求解，以获得接触力。因此拉格朗日乘子法可以真实实现接触面的零穿透，这是罚函数法不可能实现的。但是拉格朗日乘子的引入大大增加了方程组的尺度，使得求解困难；另外当接触状态发生变化时，接触力出现突变，进而产生接触状态的振动式交替，单纯的拉格朗日乘子法也无法有效控制这一情况。

基于罚函数法和拉格朗日乘子法的不足，ANSYS 软件中又提出了将罚函数法和拉格朗日乘子法结合起来解决接触协调条件的扩展拉格朗日乘子法。扩展拉格朗日乘子法计算时，先按照罚函数法开始，并设定接触面间最大允许穿透值。如果计算过程中接触面间穿透值大于允许值时，则将各个接触单元的接触刚度加上接触力乘以拉格朗日乘子的数值并重新进行计算，直到接触面间穿透值小于允许值为止。由此可以看出扩展拉格朗日乘子法实际上就是不

断改变接触刚度的罚函数法,但与罚函数法相比总体刚度矩阵较少出现病态,因此模拟人工短缝时采用扩展拉格朗日乘子法作为法向接触协调条件。

10.2　人工短缝对严寒地区碾压混凝土重力坝越冬层面应力释放研究

研究人工短缝对严寒地区碾压混凝土重力坝越冬层面应力的释放效果时,其研究对象、工程基本资料与 4.1 节相同。坝体有限元计算模型如图 4－3 所示。坝体混凝土浇筑初凝后即在坝体上、下游面铺设 5cm 厚的 XPS 挤塑板,并实行全年保温。越冬层面(645.0m 高程和 699.0m 高程)上在冬季停浇时表面也铺设 5cm 厚的 XPS 挤塑板。

由 7.3 节计算可知,坝体混凝土施工时在其表面铺设 5cm 厚的 XPS 挤塑板实行全年保温,冬季停浇时在越冬层面上也铺设 5cm 厚的 XPS 挤塑板后,699.0m 高程 X、Y、Z 三个方向温度应力均未超过碾压混凝土的抗拉强度,且该高程大坝剖面沿水流方向的尺寸较小,因此,在研究人工短缝对严寒地区碾压混凝土重力坝越冬层面应力的释放效果时,仅在 645.0m 高程越冬层面上、下游面分别设置 3.2m 和 3.0m 深的水平人工短缝。

设置人工短缝对坝体温度场不会造成影响,在此不再赘述,详见 7.3.1 节。应力场仿真计算成果主要给出了越冬层面 X、Y、Z 三个方向温度应力包络线图。

图 10－8～图 10－10 为施工期第一年至第二年度冬季停浇越冬层面 645.0m 高程 X、Y、Z 三个方向温度应力包络线图。由图可知,上游面 X 向温度应力最大值为 0.84MPa,下游面 X 向温度应力最大值为 1.08MPa,均出现在二分之一坝段宽度处;中心部位 X 向温度应力最大值约为 0.8MPa。设置人工短缝后,645.0m 高程上、下游面 X 向温度应力最大值分别减小了 0.34MPa 和 0.45MPa,中心部位 X 向温度应力无明显变化。645.0m 高程 X 向温度应力最大值未超过碾压混凝土的抗拉强度(1.71MPa),因此不会出现铅直向裂缝。

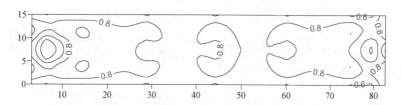

图 10－8　645.0m 高程 X 向温度应力包络线图

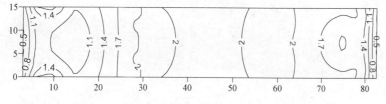

图 10－9　645.0m 高程 Y 向温度应力包络线图

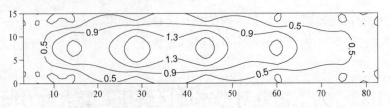

图 10 - 10　645.0m 高程 Z 向温度应力包络线图

645.0m 高程上、下游面 Y 向温度应力最大值约为 0.5MPa，中心部位 Y 向温度应力最大值为 2.17MPa。比较图 7 - 13 和图 10 - 9 可知，设置人工短缝对 645.0m 高程各部位 Y 向温度应力最大值影响较小。645.0m 高程混凝土在其浇筑后的第一个冬季温度达到最低值，因此其 Y 向温度应力最大值也出现在浇筑后的第一个冬季，设置人工短缝对 645.0m 高程各部位 Y 向温度应力最大值影响较小。

坝体上、下游面设置人工短缝后，缝的范围内 Z 向温度应力几乎为 0，人工短缝对越冬层面上、下游面的 Z 向温度应力释放效果非常显著。中心部位 Z 向温度应力最大值约为 1.5MPa，较未设置人工短缝时有所增加。设置人工短缝后 645.0m 高程各部位 Z 向温度应力均未超过碾压混凝土的抗拉强度（1.71MPa），因此不会出现水平裂缝。

参 考 文 献

[1] 杨华全，李文伟. 水工混凝土研究与应用 [M]. 北京：中国水利水电出版社，2005.

[2] 孙恭尧，王三一，冯树荣. 高碾压混凝土重力坝 [M]. 北京：中国电力出版社，2004.

[3] 召熊，张锡祥，肖汉江，汪安华. 水工混凝土的温控与防裂 [M]. 北京：中国水利水电出版社，1999.

[4] 刘秉京. 混凝土技术（第二版）[M]. 北京：人民交通出版社，2004.

[5] 杨阳，梁川. 碾压混凝土筑坝技术及其新进展 [J]. 四川水力发电，2001，20（2）：83－85.

[6] 王学志. 碾压混凝土坝诱导缝等效强度及层面断裂研究 [D]. 大连：大连理工大学，2005.

[7] 梅锦煜，郑桂斌. 我国碾压混凝土筑坝技术的新进展 [J]. 水力发电，2005，31（6）：54－56.

[8] 沈崇刚. 碾压混凝土坝的发展成就与前景（上）[J]. 贵州水力发电，2002，16（2）：1－7.

[9] 沈崇刚. 碾压混凝土坝的发展成就与前景（下）[J]. 贵州水力发电，2002，16（3）：1－5.

[10] 朱伯芳. 大体积混凝土温度应力与温度控制 [M]. 北京：中国电力出版社，1999.

[11] S. Malla, M. Wieland. Analysis of an arch－gravity dam with a horizontal crack [J]. Computers and Structures, 1999, 72（1－3）：267－278.

[12] 陈尧隆. 高等水工结构 [D]. 西安：西安理工大学，2001.

[13] 王福林，杜士斌. 严寒地区碾压混凝土重力坝的温度裂缝及其防治 [J]. 水利水电技术，2001，32（1）：60－62.

[14] 姜冬菊，张子明，王德信. 计算温度应力的广义约束矩阵法 [J]. 河海大学学报（自然科学版），2003，31（1）：29－32.

[15] 朱伯芳，许平. 混凝土坝仿真计算的并层算法和分区异步长算法 [J]. 水力发电，1996（1）：38－43.

[16] 黄达海. 碾压混凝土坝温度场仿真分析的波函数法 [J]. 大连理工大学学报，2000，40（2）：214－217.

[17] 侯朝胜，赵代深. 混凝土坝温控三维仿真敏感分析及其凝聚方程 [J]. 天津大学学报，2001，34（5）：605－610.

[18] 陈尧隆，何劲. 用三维有限元浮动网格法进行碾压混凝土重力坝施工期温度场和温度应力仿真分析 [J]. 水利学报，1998（增刊）：2－5.

[19] 张金凯，李守义，赵丽娟，等. 某河床式水电站厂房坝段温控计算分析 [J]. 西北农林科技大学学报（自然科学版），2008，36（5）：211－218.

[20] 张建斌，朱岳明，章洪，等. RCCD 三维温度场仿真分析的浮动网格法 [J]. 水力发电，2002（7）：63－65.

[21] 黄达海，宋玉普，赵国藩. 碾压混凝土坝温度徐变应力仿真分析的进展 [J]. 土木工程学报，2000，33（4）：97－100.

[22] 王建江，陆述远，魏锦萍. RCCD 温度应力分析的非均匀单元方法 [J]. 力学与实践，1995，17（3）：41－44.

[23] 刘宁，刘光廷. 水管冷却效应的有限元子结构模拟技术 [J]. 水利学报，1997（12）：42－48.

[24] 朱岳明，徐之青，贺金仁，等. 混凝土水管冷却温度场的计算方法 [J]. 长江科学院院报，2003，20

（4），19－22.

［25］刘勇军. 水工混凝土温度与防裂技术研究［D］. 南京：河海大学，2002.

［26］赵丽娟. 大体积混凝土表面保温计算方法研究［D］. 西安：西安理工大学，2008.

［27］王登刚，刘迎曦，李守巨. 非线性二维稳态导热反问题的一种数值解法［J］. 西安交通大学学报，2000（11）：49－52.

［28］邢振贤，赵玉青，刘利军. 碾压混凝土导温系数的反演分析［J］. 低温建筑技术，2005（5）：49－50.

［29］章国美. 基于快速模拟退火算法的混凝土热学参数反演分析［J］. 水利水电技术，2007，38（1）：56－59.

［30］Abdallah l. Husein Malkawi，Saad A. Mutasher，Tony J. Qiu. Thermal－Structure Modeling and Temperature Control of Roller Compacted Concrete Gravity Dam［J］. Journal of Performance of Constructed Facilities，Nov. 2003：177－187.

［31］Barrett P K，et al. Thermal structure analysis methods for RCC dams［C］. Proceeding of conference of roller compacted concrete Ⅲ，Sam Diedo，California，1992：389－406.

［32］Tohru Kawaguchi，Sunao Nakane. Investigations on determining thermal stress in massive concrete structures［J］. ACI，1996，93（1）：96－101.

［33］Kim Jang－Ho Jay，Jeon，Sang－Eun，Kim. Development of new device for measuring thermal stress［J］. Cement and Concrete Research，2002，32（10）：1651－1654.

［34］王成山. 严寒地区碾压混凝土重力坝温度应力研究与温控防裂技术［D］. 大连：大连理工大学，2003.

［35］朱岳明，徐之青，张琳琳. 掺氧化镁混凝土筑坝技术述评［J］. 红水河，2002，21（3）：45－49.

［36］龚召雄. 水工混凝土的温控与防裂［M］. 北京：中国水利水电出版社，1999.

［37］朱伯芳. 有限单元法原理与应用［M］. 北京：中国水利水电出版社，1998.

［38］司政，李守义，陈培培，等. 基于 ANSYS 的大体积混凝土温度场计算程序开发［J］. 长江科学院院报，2011，28（9）：53－56.

［39］三峡水利枢纽混凝土工程温度控制研究编辑委员会. 三峡水利枢纽混凝土工程温度控制研究［M］. 北京：中国水利水电出版社，2001.

［40］张国新，刘有志，刘毅，等. 特高拱坝施工期裂缝成因分析与温控防裂措施讨论［J］. 水力发电学报，2010，29（5）：45－51.

［41］厉易生，朱伯芳，林乐佳. 寒冷地区拱坝苯板保温层的效果及计算方法［J］. 水利学报，1995，（7）：54－58.

［42］汪强，王进廷，金峰. 坝体保温层的等效模拟及保温效果分析［J］. 水利水电科技进展，2007，27（2）：58－61.

［43］黄河，杨华彬，危文爽，等. 温度突降条件下大体积混凝土表层温度计算［J］. 武汉大学学报，2004（4）：58－61.

［44］陈立新，陈芝春. 寒潮期间大体积混凝土保温研究［J］. 三峡大学学报（自然科学版），2008，30（4）：15－17.

［45］张国新. 不同材料复合结构温度场的有限元算法改进［J］. 水力发电，2003，29（9）：37－38.

［46］张国新. 非均质材料温度场的有限元算法［J］. 水利学报，2004，（10）：71－76.

［47］叶琳昌，沈义. 大体积混凝土施工［M］. 北京：中国建筑工业出版社，1987.

［48］ Li Shouyi，Chen Yaolong，Zhang Xiaofei，Chai Junrui．Study on contraction joints for the Longtan RCC gravity dam ［J］．Dam Engineering，2004，XN（4）：295－301.

［49］ 李永刚，李守义．寒冷地区某碾压混凝土重力坝温控计算分析［J］．西北农林科技大学学报（自然科学版），2005，33（8）：153－156.

［50］ 张洪济．热传导［M］．北京：高等教育出版社，1992.

［51］ 詹剑霞，曾明．聚苯板保温材料在三峡工程中的研究与应用［J］．中国三峡建设，2004，（4）：23－25.

［52］ 汪强，王进廷，金峰．坝体保温层的等效模拟及保温效果分析［J］．水利水电科技进展，2007，27（2）：58－61.

［53］ 段寅，向正林，常晓林，刘杏红．大体积混凝土水管冷却热流耦合算法与等效算法对比分析［J］．武汉大学学报（工学版），2010，43（6）：703－707.

［54］ 闫慧玉．大体积混凝土温度场水管冷却热流耦合仿真方法研究［D］．武汉：武汉大学，2005.

［55］ 朱伯芳．考虑水管冷却效果的混凝土等效热传导方程［J］．水利学报，1991（3）：28－34.

［56］ 朱伯芳．考虑外界温度影响的水管冷却等效热传导方程［J］．水利学报，2003（3）：49－54.

［57］ 朱岳明，张建斌．碾压混凝土坝高温期连续施工采用冷却水管进行温控的研究［J］．水利学报，2002（11）：55－59.

［58］ 麦家煊．水管冷却理论解与有限元解的计算方法［J］．水力发电学报，1998（4）：31－41.

［59］ 刘宁，刘光廷．水管冷却效应的有限元子结构模拟技术［J］．水利学报，1997（12）：43－49.

［60］ Taler J，Weglowski B Zima．Monitoring of transient temperature and thermal stresses in pressure components of stream boilers ［J］．Pressure Vessels and Piping Conference，1997，72（3）：231－241.

［61］ 朱岳明，徐之青，张琳琳．掺氧化镁混凝土筑坝技术述评［J］．红水河，2002，21（3）：45－49.

［62］ 李承木，杨元慧．氧化镁混凝土自生体积变形的长期观测结果［J］．水利学报，1999（3）：54－57.

［63］ 司政．微膨胀混凝土对温度应力补偿效应的研究［D］．西安：西安理工大学，2006.

［64］ 谭万善，黄绪通．外掺 MgO 微膨胀混凝土在广东水电工程中的应用评述［J］．贵州水力发电，2001（9）：55－57.

［65］ 李承木，李晓勇．铜头水电站外掺 MgO 混凝土的性能研究［J］．广东水利水电，2003（6）：22－25.

［66］ 边振华．外掺 MgO 筑坝技术在长沙水电站拱坝中的应用［J］．湖北水力发电，2004（3）：46－50.

［67］ 王立华，陈理达．长沙拱坝外掺 MgO 混凝土材料性能试验研究［J］．广东水利水电，2004（12）：23－24.

［68］ 梅明荣．掺 MgO 微膨胀混凝土结构的温度应力及其有效应力法研究［D］．南京：河海大学，2005.

［69］ 李承木．外掺 MgO 混凝土的基本力学与长期耐久性能［J］．水利水电科技进展，2000（10）：30－35.

［70］ 朱伯芳．论微膨胀混凝土筑坝技术［J］．水力发电，2000，70（3）：1－13.

［71］ 李承木．MgO 混凝土自生体积变形的长期研究成果［J］．水力发电，1998（6）：53－57.

［72］ 杨光华，袁明道．MgO 微膨胀混凝土自生体积变形的双曲线模型［J］．水力发电学报，2004（8）：38－44.

［73］ 杨光华，袁明道，罗军．氧化镁微膨胀混凝土在变温条件下膨胀规律数值模拟的当量龄期法［J］．水利学报，2004（1）：116－121.

［74］ 张国新，陈显明，杜丽惠．氧化镁混凝土膨胀的动力学模型［J］．水利水电技术，2004（9）：88－91.

［75］ 胡平，杨萍．掺氧化镁混凝土建造高碾压混凝土重力坝的温度补偿计算方法［J］．中国水利水电科学研究院学报，2004（12）：302－306.

［76］ BoFang Zhu. Compound layer method for stress analysis simulating construction process of concrete dam ［J］. Dam engineering，1995，4（2）：157－178.

［77］ Zimnig Zhang. Temperature and Temperature Induced Stresses for RCC Dams［J］. Dam Engineering，1996，7（2）：34－39.

［78］ Yaolong Chen，Changjiang Wang，shouyi Li. Simulation analysis of thermal stress of RCC dams using 3－D finite element relocating mesh method［J］. AdvancesD in engineering software，2001，32（9）：677－680.

［79］ 黄达海，宋玉普，赵国藩. 碾压混凝土拱坝诱导缝的等效强度研究［J］. 工程力学，2000，17（3）：16－22.

［80］ 张小刚，宋玉普. 碾压混凝土坝诱导缝设置及拱坝诱导缝等效强度［J］. 水利水运工程学报，2003（12）：67－73.

［81］ 张小刚，宋玉普，吴智敏. 碾压混凝土穿透型诱导缝等效强度和断裂试验研究［J］. 水利学报，2004（3）：98－102.

［82］ 刘杏红，常晓林，周伟. 碾压混凝土重力坝诱导缝施工期三维非线性开裂分析［J］. 武汉大学学报（工学版），2005，38（3）：41－44.

［83］ 朱伯芳. 有限单元法原理与应用（第二版）［M］. 北京：中国水利水电出版社，1998.

［84］ 王勖成，邵敏. 有限元法基本原理和数值方法［M］. 北京：清华大学出版社，1999年.

［85］ 葛劲卿. 施工过程及底缝对高拱坝的影响研究［D］. 北京：中国水利水电科学研究院，2006.

［86］ 李守德，俞洪良. Goodman 接触面单元的修正与探讨［J］. 岩石力学与工程学报，2004，23（15）：2628—2831.

［87］ 卢廷浩，鲍伏波. 接触面薄层单元耦合本构模型［J］. 水利学报，2000（2）：71－75.

［88］ 邵炜，金峰，王光纶. 用于接触面模拟的非线性薄层单元［J］. 清华大学学报（自然科学版），1999，39（2）：34－38.

［89］ 王成山，韩国城，吕和祥. 白石碾压混凝土重力坝预留缝的研究与应用［J］. 水利学报，2009（9）：107－111.

［90］ 袁凡凡，詹云刚，栾茂田. 弹塑性无厚度接触面单元的本构积分算法及验证［J］. 岩土力学，2008，29（3）：734－740.

［91］ MORTARA G，BOULON M，GHIONNA V N. A 2－D constitutive model for cyclic interface behaviour ［J］. International Journal for Numerical and Analytical Methods in Geomechanics，2002（26）：1071－1096.

［92］ 李守义，张晓飞，陈尧隆. 碾压混凝土坝上游面设短缝对温度应力的影响［J］. 水利水电技术，2003，34（7）：39－40.

［93］ 魏忠元. 碾压混凝土坝设人工短缝温度应力的仿真分析［D］. 西安：西安理工大学，2006.

［94］ 宋玉普，张林俊，殷福新. 碾压混凝土坝诱导缝的断裂分析［J］. 水利学报，2004（6）：21－27.

［95］ 朱伯芳. 有限厚度带键槽接缝单元及接缝对混凝土坝应力的影响［J］. 水利学报，2001（2）：1－7.

［96］ 戚靖骅，张振南，葛修润，邱一平. 无厚度三节点节理单元在裂纹扩展模拟中的应用［J］. 岩石力学与工程学报，2010，29（9）：1799—1806.

［97］ CHOWDHURY S R，NARASIMHAN R. A cohesive finite element formulation for modelling fracture and delamination in solids ［J］. Sadhana，2000，25（6）：561－587.

［98］ SOUIYAH M，ALSHOAIBI A，MUCHTAR A，etal. Finite element model for linear－elastic mixed mode loading using adaptive mesh strategy［J］. Journal of Zhejiang University（Science A），2008，9（1）：32－37.

［99］ 吴坤占，陈尧隆，司政，刘曜. 基于 VB 和 Surfer 的等值线图批处理可视化［J］. 水力发电学报，2008，27（5）：84－87.

［100］ 张丽莉，吴健生. 综合利用 VB 与 Surfer 实现地学三维曲面的动态显示［J］. 计算机工程与应用，2003（14）：139－141.

［101］ 张新宜，张端好. 利用 VB 对 Surfer 软件二次开发实现降雨量图自动绘制［J］. 气象水文海洋仪器，2010（1）：24－27.

［102］ 郭俊丽. 测氡数据处理软件设计［D］. 太原：太原理工大学，2003.

［103］ 袁大宇，应爽. 利用 VB6.0 编程控制 surfer8.0 实现气象数据快速可视化［J］. 吉林气象，2008（4）：28－29.

［104］ 王雅静，窦震海. 基于 VB 的图像处理技术及图像处理软件［J］. 山东理工大学学报（自然科学版），2006，20（3）：73－76.

［105］ 陈欢欢，李星，丁文秀. Surfer 8.0 等值线绘制中的十二种插值方法［J］. 工程地球物理学报，2007，4（1）：52－57.

［106］ 杨朝辉，党立华. 基于 Surfer Automation 技术的三维立体渲染图的绘制［J］. 海洋测绘，2003，23（4）：26－28.

［107］ 李纪云. 大型基坑施工降水及沉降可视化的实现［D］. 郑州：郑州大学，2007.

［108］ Si Zheng，Li Shouyi，Huang Lingzhi，Chen Yaolong. Visualization programming for batch processing of contour maps based on VB and Surfer software［J］. Advances in Engineering Software，2010，41（7）：962－965.

［109］ 龚沛曾，陆尉民，杨志强. Visual Basic 程序设计教程（6.0 版）［M］. 北京：高等教育出版社，2001.

［110］ 陈永，张建海，刘会娟，等. 基于 Surfer 的有限元后处理等值线图批处理程序开发［J］. 物探化探计算技术，2005（2）：181－184.

［111］ 夏世法，李秀琳，鲁一晖，等. 高寒地区碾压混凝土坝岸坡坝段保温方案研究［J］. 中国水利水电科学研究院学报，2008，6（2）：93－99.

［112］ 朱伯芳，吴龙，李玥，等. 混凝土坝施工期坝块越冬温度应力及表面保温计算方法［J］. 水利水电技术，2007，38（8）：34－37.

［113］ 李显生. 蓄水运行中的观音阁上游坝面水平缝处理［J］. 水利水电技术，2002，33（3）：37－39.

［114］ 凌骐，黄淑萍. 严寒地区混凝土坝表面保护材料的敏感性研究［J］. 水电能源科学，2009，27（4）：117－119.